Richard Kalk

Der Zuwachs an Baumquerfläche, Baummasse und

Bestandsmasse

Eine kritische Betrachtung der Näherungsmethoden für die Zuwachsuntersuchung

Richard Kalk

Der Zuwachs an Baumquerfläche, Baummasse und Bestandsmasse
Eine kritische Betrachtung der Näherungsmethoden für die Zuwachsuntersuchung

ISBN/EAN: 9783743401105

Hergestellt in Europa, USA, Kanada, Australien, Japan

Cover: Foto ©berggeist007 / pixelio.de

Manufactured and distributed by brebook publishing software
(www.brebook.com)

Richard Kalk

Der Zuwachs an Baumquerfläche, Baummasse und

Bestandsmasse

Der Zuwachs

an

Baumquerfläche, Baummasse und Bestandsmasse.

Eine kritische Betrachtung

der

Näherungsmethoden für die Zuwachsuntersuchung

von

Richard Falk,

Königl. Preuß. Oberförster.

Berlin.

Verlag von Julius Springer.

1889.

Vorwort.

Den Anlaß zu der vorliegenden Schrift hat das in der neueren Litteratur hervorgetretene Bestreben geboten, einerseits die Bedeutung von Zuwachsuntersuchungen in den Vordergrund zu stellen, andererseits das Verfahren bei denselben auf möglichst einfache Formeln zu gründen, um den hieraus resultirenden Näherungsmethoden Eingang in die Zuwachsuntersuchung zu verschaffen.

Die Bedeutung der Zuwachsuntersuchung entspricht ihrer Aufgabe, festzustellen, wie viel die Mehrung der Holz-Bestandsmasse während eines bestimmten Zeitraums beträgt, und wie groß die Zuwachsleistung auf gegebener Fläche ist; der Werth der Untersuchung bemißt sich nach dem Grade der Genauigkeit und Zuverlässigkeit des Resultates, der seinerseits wieder abhängig ist von der angewendeten Methode. Näherungsmethoden haben nur soweit eine Berechtigung und sind nur dann geeignet, die Zuwachsuntersuchung zu fördern, wenn sich mit der Vereinfachung des Verfahrens auch eine ausreichende Genauigkeit verbindet. Die Würdigung der Näherungsmethoden in der vorbezeichneten Richtung ist der Zweck dieser Schrift, der es im Uebrigen fern liegt, über den gesteckten engen Rahmen hinaus in eine erschöpfende Behandlung der Zuwachslehre einzutreten. Ihr Ziel, klärend auf den im Vorstehenden abgegrenzten Theil derselben zu wirken, wird sie mit Vermeidung jedweder unnöthigen Polemik zu erreichen suchen.

Bei der Beschaffung des Materials für die beigefügten Tabellen hat mich Herr Forstassessor Böning in freundlicher Weise unterstützt, wofür ich ihm an dieser Stelle nochmals danke.

Oderhaus, im Januar 1889.

Kalk.

Inhalt.

Erster Abschnitt.
Baumquerflächenzuwachs.

Seite

§ 1. Absoluter und relativer Flächenzuwachs, Schneider'sche Formel   1

§ 2. Fehlerquelle der Schneider'schen Formel 3

§ 3. Fehlercorrection an derselben 5

§ 4. Ableitung von Mittelwerthen für das Flächenzuwachsprocent . 6

§ 5. Fehlercorrection an dem mittleren Flächenzuwachsprocent der Schneider'schen Formel 9

§ 6. Die Preßler'schen Formeln 13

Zweiter Abschnitt.
Baummassenzuwachs.

§ 7. Ermittelung des laufenden Zuwachses an stehenden Stämmen . 18

§ 8. Ermittelung des laufenden Zuwachses an liegenden Stämmen nach Näherungsmethoden 27

§ 9. Ermittelung des laufenden Zuwachses an liegenden Stämmen nach dem Sectionsverfahren 30

§ 10. Verhältniß zwischen Altersdurchschnittszuwachs und laufendem Zuwachs 32

Dritter Abschnitt.
Mittlerer Baummassenzuwachs und Bestandsmassenzuwachs.

§ 11. Mittlerer Baummassenzuwachs nach den Methoden für liegende Stämme 35

§ 12. Mittlerer Baummassenzuwachs nach der Methode für stehende Stämme 38

§ 13. Bestandsmassenzuwachs 41

§ 14. Verhältniß zwischen Altersdurchschnittszuwachs des Bestands und laufendem Zuwachs 44

§ 15. Zuwachsuntersuchungen für die Umtriebsbestimmung und die Zuwachsaufrechnung 47

Anhang: Tabellen 53

Berichtigung.

Vor Gebrauch des Buches wolle man zu folgenden Formeln ändern:

S. 23, Zeile 5 v. oben: $+ \cdots \mp \left(Fp \, \frac{m}{100} \right)^{1+\frac{e}{2}} \Big]$ in: $\frac{1}{1+\frac{e}{2}} \left(Fp \, \frac{m}{100} \right)^{1+\frac{e}{2}} \Big|$

S. 24, Zeile 14 v. oben: $+ \cdots \mp \left(Fp \, \frac{m}{100} \right)^{1+e} \Big]$ in: $\frac{1}{1+e} \left(Fp \, \frac{m}{100} \right)^{1+e} \Big]$

Umfang und Anordnung des Stoffes ergeben sich aus dem Titel dieser Schrift, die sich danach in 3 Abschnitte gliedert. Im ersten wird der Zuwachs der Baumquerfläche, im zweiten und dritten derjenige des Baumes und des Bestandes nach laufendem und Alters=durchschnitts=Zuwachs abgehandelt.

Erster Abschnitt.
Baumquerflächen-Zuwachs.

§ 1.

Enthält die auf den Zuwachs der letzten m Jahre zu unter=suchende Baumquerfläche am Anfang der Zuwachsperiode g Flächen=einheiten (qm), am Ende derselben G Flächeneinheiten (qm), so beträgt der gesammte Flächenzuwachs während m Jahren (G — g) qm und der durchschnittlich jährliche $\frac{G-g}{m}$ qm. Daraus folgt als Flächenzuwachseinheit (Fz), bezogen auf die gegenwärtige Fläche G *), im Durchschnitt der m Jahre: $Fz = \frac{G-g}{mG}$ oder als Flächenzuwachsprocent $Fp = 100\,\frac{G-g}{mG}$. Drückt man G und g durch die Durchmesser D und d der entsprechenden Kreisflächen aus, so wird aus

---

*) Die Varianten: Flächenzuwachs bezogen auf g oder auf $\frac{G+g}{2}$ lasse ich der Uebersichtlichkeit wegen einstweilen fort.

Kalk, Zuwachs.   1

$$Fz = \frac{G - g}{mG}$$

$$Fz = \frac{D^2 - d^2}{mD^2} \text{ und weiter}$$

$$Fp = 100 \frac{D^2 - d^2}{mD^2}.$$

Will man d^2 eliminiren dadurch, daß man die mittlere Breite des m jährigen Zuwachsringes gleich b einführt, also statt d setzt: D — 2b, so berechnet sich der absolute m jährige Flächenzuwachs

$$Z_m = \frac{\pi}{4} [D^2 - (D - 2b)^2]$$

$$= \frac{\pi}{4} (4Db - 4b^2)$$

$$= D\pi b - b^2 \pi \quad (I).$$

Glaubt man $b^2 \pi$ vernachlässigen zu können, weil der Werth des ganzen Ausdrucks davon nicht wesentlich berührt wird, so resultirt der Näherungswerth $Z_m = D\pi b$, oder als durchschnittlicher Jahreswerth des absoluten Flächenzuwachses

$$Z = \frac{D\pi b}{m} \quad (II)$$

und daraus als Flächenzuwachseinheit, bezogen auf die gegenwärtige Fläche:

$$Fz = \frac{\dfrac{D\pi b}{m}}{\dfrac{D^2 \pi}{4}} = \frac{4b}{mD} \quad (III)$$

und als Flächenzuwachsprocent: $Fp = \dfrac{400 b}{mD}$ (IV).

Da b die Breite von m Jahrringen ausdrückt, so giebt $\dfrac{b}{m}$ die auf 1 Jahr entfallende mittlere Jahrringsbreite an, die in der Schneider'schen Zuwachsformel ihren Ausdruck findet durch $\dfrac{1}{n}$, indem n die Zahl der Jahrringe bezeichnet, welche nach Verhältniß der Breite von m Jahresringen der m jährigen Zuwachsperiode auf 1 cm entfallen; demnach ist $\frac{1}{n}$ cm gleich der durchschnittlichen Jahrringsbreite in dem m jährigen Zuwachsringe. Der absolute einjährige Flächenzuwachs war gefunden (Formel II)

$$Z = \frac{D\pi b}{m}$$
$$\frac{b}{m} = \frac{1}{n}$$
$$\overline{Z = \frac{D\pi}{n}} \quad (V),$$

dementsprechend nimmt die Flächenzuwachseinheit (Formel III) die Form an:

$$Fz = \frac{4}{nD}$$

und das Flächenzuwachsprocent (Formel IV) die Form

$$Fp = \frac{400}{nD} \quad \text{(Schneider'sche Formel)}.$$

§ 2.

Nachdem die Flächenzuwachsformeln in der allgemein bekannten Richtung entwickelt sind, wobei sich für das Flächenzuwachsprocent in dem Ausdruck $Fp = \frac{400b}{mD}$ oder $\frac{400}{nD}$ nur ein Näherungswerth ergeben hat, schließt sich hier die Erörterung der Fehlerquelle der Schneider'schen Formel an, welcher sodann die Herleitung eines mathematisch correcten Ausdrucks zu folgen hat, um durch Vergleichung desselben mit dem Näherungswerth den letzterem anhaftenden Fehler genau bemessen zu können.

Die Formel I giebt den absoluten Flächenzuwachs während der m jährigen Zuwachsperiode genau an $Z_m = D\pi b - b^2\pi = \pi b\,(D - b)$.

$D - b$ stellt den Durchmesser D dar für denjenigen Zeitpunkt, in welchem der Zuwachsring die Hälfte der vollen künftigen Breite desjenigen am Ende der Zuwachsperiode erreicht hat, oder anders ausgedrückt: D ist der Mittelwerth zwischen D und d; denn es ist:

$$D - b = \mathfrak{D}$$
$$\frac{d + b = \mathfrak{D}}{D + d = 2\mathfrak{D}}$$
$$\mathfrak{D} = \frac{D + d}{2}.$$

Mit dem Durchmesser $\mathfrak{D}$ ist also der absolute Flächenzuwachs $Z_m = \mathfrak{D}\pi b$ genau richtig angegeben. Bezieht man weiter diesen absoluten Zuwachs auf die Kreisfläche mit dem Durchmesser $\mathfrak{D}$, so erhält man auch in der sonst nur einen Näherungswerth liefernden Formel einen correcten Ausdruck für das Flächenzuwachsprocent, nämlich aus

$$Fp = 100 \frac{\mathfrak{D}\pi b}{\frac{\mathfrak{D}^2 \pi}{4}}$$

$$Fp = \frac{400 b}{m \mathfrak{D}}$$

$$= \frac{400}{n \mathfrak{D}}.$$

Ein selbstständiger Werth ist indessen diesem Ausdruck nicht zuzuerkennen, da $\mathfrak{D}$ nur als eine abgeleitete Größe angesehen werden kann; denn eine **directe** Erhebung von $\mathfrak{D}$ ist nur in denjenigen Fällen möglich, in welchen die Stammscheibe vollständig vorliegt; hierfür ist indessen die Formel ihrer Bedeutung nach nicht bestimmt, sie will für eine einfache Methode der Zuwachserhebung die Grundlage schaffen und deshalb eine Stammanalyse zur Beibringung von Stammscheiben entbehrlich machen. Ein anderer Weg zur direkten Messung von $\mathfrak{D}$ steht aber nicht offen, gleichviel ob die Zuwachsperiode mehrere Jahre umfassen soll oder auf ein Jahr beschränkt wird. Will man als Zeitpunkt, in welchem der Zuwachsring grade die Hälfte der vollen künftigen Breite desjenigen der ganzen Zuwachsperiode erlangt hat, ohne Weiteres die Mitte der Zuwachsperiode ansehen, so gehört hierzu die willkürliche Annahme, daß die Jahrringe vor und nach der Periodenmitte gleiche Breite haben. Nichts anderes aber ist es, wenn man den Zeitpunkt der Zuwachserhebung in die Mitte der Zuwachsperiode verlegt, von welcher dann $\frac{m}{2}$ Jahre der Vergangenheit und

$\frac{m}{2}$ Jahre der Zukunft angehören sollen; auch in diesem Falle müßte der Zuwachsring vor und nach der Periodenmitte gleich breit sein, um den gegenwärtigen Durchmesser als den Mittelwerth zwischen d und D, den Durchmessern am Anfange und Ende der Zuwachsperiode, in die Schneider'sche Formel einführen zu können. Daß aber die Annahme gleich breit bleibender Zuwachsringe unzulässig ist, wird deutlich erkannt, wenn man sich nur vergegenwärtigt, daß unveränderte Breite der Zuwachsringe stets steigenden Flächenzuwachs bedeutet.

Die vorstehenden Erörterungen, welche zunächst mit der praktischen Brauchbarkeit oder Verwendbarkeit der Formel nichts zu thun haben, gelten lediglich der Frage: Bietet die Formel eine correcte mathematische Grundlage für die Ermittelung des Flächenzuwachsprocents? Ich nehme nicht an, daß Stötzer dieselbe in seiner Abhandlung des 1880er Augusthefts der Zeitschrift für Forst- und Jagdwesen über die Schneider'sche Formel bejahen will; wenigstens stellt er keine ausdrückliche Behauptung in diesem Sinne auf, hebt aber hervor, daß die Schneider'sche Zuwachsformel genau das mittlere Zuwachsprocent angiebt, wenn eben jene mehr erwähnte Annahme gleicher Breiten der Zuwachsringe zutrifft. Muß diese Annahme als der Regel widersprechend zurückgewiesen werden, so ist demnach auch die gestellte Frage zu verneinen, und es ist, da eine entgegenstehende Ansicht in der Litteratur geltend gemacht ist, auch ausdrücklich in Abrede zu stellen, daß Jemand die mathematisch genaue Richtigkeit der Formel nachgewiesen habe bezw. nachzuweisen vermöchte.

§ 3.

Es bleibt nun zu untersuchen, wie weit der aus der Schneider'schen Formel resultirende Nährungswerth von der Wirklichkeit abweicht, mit anderen Worten, wie groß der Fehler in jedem einzelnen Falle ist. Den absoluten Flächenzuwachs giebt Formel I genau an: $Z_m = D \pi b - b^2 \pi$. Der durchschnittliche Jahreszuwachs der m jährigen Periode beträgt: $Z = \dfrac{D \pi b - b^2 \pi}{m}$. Als Zuwachseinheit, bezogen auf die ge-

gegenwärtige Baumquerfläche, ergiebt sich: $Fz = \dfrac{D\pi b - b^2\pi}{m\,\dfrac{D^2\pi}{4}}$, als

Flächenzuwachsprocent $Fp = \dfrac{400}{m}\dfrac{Db - b^2}{D^2}$. Substituirt man in der

Schneider'schen Formel $\dfrac{1}{n}$ durch $\dfrac{b}{m}$, so lautet dieselbe: $p = \dfrac{400b}{mD}$.

Die Differenz beider Ausdrücke ergiebt als Fehler:

$$\frac{400b}{mD} - \frac{400}{m}\frac{Db - b^2}{D^2}$$
$$= \frac{400}{mD^2}(Db - Db + b^2)$$
$$= \frac{400b^2}{mD^2} = \frac{m}{400}\frac{400^2 b^2}{m^2 D^2},$$

und da $p = \dfrac{400b}{mD}$ ist, so erhalten wir den Fehler gleich $\dfrac{m}{400}\,p^2$ (VI).

In Worten: Das Flächenzuwachsprocent wird nach der Schneider'schen Näherungsformel stets zu groß gefunden; der Fehler ist gleich dem Quadrat des gefundenen Procents mal der Zahl der Jahre der Zuwachsperiode dividirt durch 400. Für gleiche Zuwachsperioden sind demnach die Fehler proportional dem Quadrat der gefundenen Zuwachsprocente.

Zahlenbeispiel: Das durchschnittlich jährliche Zuwachsprocent ist für eine 10jährige Periode gleich 6 gefunden, dann beträgt der Fehler: $\dfrac{36 \times 10}{400} = 0,9$ und das richtige Zuwachsprocent: 5,1 —

§ 4.

Die folgende Betrachtung gilt der richtigen Herleitung des mittleren Flächenzuwachsprocents aus einer Reihe von Einzeluntersuchungen. Es kommt hierbei das Princip zur Anwendung, die Summe der absoluten Größen ins Verhältniß zu setzen zur Summe der Vergleichsgrößen; denn relative Werthe können nicht zur Ableitung von Mittelwerthen ohne Weiteres benutzt werden. Zur Ermittelung des Flächenzuwachs-Verhältnisses als Mittelwert für eine Reihe von untersuchten Baumquerflächen sind daher die absoluten Flächenzuwachsgrößen zu

addiren, und diese Summe ist durch die Summe der Baumquer=
flächen zu dividiren.

Als mittlere jährliche Flächenzuwachseinheit Fz ergiebt sich dem=
nach, wenn $Z_1 - Z_2 - Z_3 \ldots Z_n$ die absoluten Zuwachsgrößen an
den Baumquerflächen $G_1 - G_2 - G_3 \ldots G_n$ für eine m jährige Zu=
wachsperiode bedeuten:

$$Fz = \frac{Z_1 + Z_2 + Z_3 + \cdots\cdots + Z_n}{m \, (G_1 + G_2 + G_3 + \cdots + G_n)}$$

und als mittleres jährliches Flächenzuwachsprocent

$$Fp = \frac{100}{m} \, \frac{Z_1 + Z_2 + Z_3 + \cdots + Z_n}{G_1 + G_2 + G_3 + \cdots + G_n}$$

Da der absolute Flächenzuwachs $Z = G - g$ ist, so erhält man auch:

$$Fp = \frac{100}{m} \, \frac{(G_1 - g_1) + (G_2 - g_2) + \cdots\cdots + (G_n - g_n)}{G_1 + G_2 + \cdots\cdots + G_n}$$

$$= \frac{100}{m} \, \frac{(G_1 + G_2 + \cdots\cdots + G_n) - (g_1 + g_2 + \cdots + g_n)}{G_1 + G_2 + \cdots\cdots + G_n}$$

Setzt man oben für $\frac{Z}{m}$ den Näherungswerth $\frac{D\pi}{n}$ (Formel V)
ein und drückt G durch D aus, so resultirt:

$$Fp = 100 \, \frac{\dfrac{D_1 \pi}{n_1} + \dfrac{D_2 \pi}{n_2} + \dfrac{D_3 \pi}{n_3} + \cdots\cdots + \dfrac{D_n \pi}{n_n}}{D_1{}^2 \dfrac{\pi}{4} + D_2{}^2 \dfrac{\pi}{4} + D_3{}^2 \dfrac{\pi}{4} + \cdots + D_n{}^2 \dfrac{\pi}{4}}$$

$$= 400 \, \frac{\dfrac{D_1}{n_1} + \dfrac{D_2}{n_2} + \dfrac{D_3}{n_3} + \cdots + \dfrac{D_n}{n_n}}{D_1{}^2 + D_2{}^2 + D_3{}^2 + \cdots + D_n{}^2} \quad \text{(VII)}$$

In der Form

$$Fp = 100 \, \frac{\dfrac{4}{n_1} D_1 + \dfrac{4}{n_2} D_2 + \dfrac{4}{n_3} D_3 + \cdots\cdots + \dfrac{4}{n_n} D_n}{D_1{}^2 + D_2{}^2 + D_3{}^2 + \cdots + D_n{}^2}$$

haben wir hier den Ausdruck vor uns, nach dem Borggreve
das mittlere Zuwachsprocent im Octoberheft der forstlichen Blätter
von 1884 hergeleitet.

Es ist scharf zu betonen, daß wir in dem obigen Ausdruck zunächst nichts weiter erhalten haben als das mittlere Zuwachsprocent für die untersuchten Baumquerflächen. Auch die Zahl derselben bedeutet für den mittleren Baummassenzuwachs gar nichts; man erhält so wenig in dem mittleren Flächenzuwachsprocent beliebiger Querflächen eines Baumes ein Massenzuwachsprocent, wie etwa aus der Zuwachsuntersuchung der Durchmesser ein und derselben Baumquerfläche, und sei ihre Zahl noch so groß, in dem hergeleiteten mittleren Durchmesserzuwachsprocent ein Flächenzuwachsprocent. Dies ist leichter zu veranschaulichen, wie jenes: Das Durchmesserzuwachsprocent findet seinen Ausdruck in $100\dfrac{\frac{2}{n}}{D} = 200\dfrac{\frac{1}{n}}{D}$, demnach das mittlere Durchmesserzuwachsprocent in

$$200\,\frac{\frac{1}{n_1}+\frac{1}{n_2}+\frac{1}{n_3}+\cdots+\frac{1}{n_n}}{D_1+D_2+D_3+\cdots+D_n}.$$

Wollte man nun annehmen, im Vorstehenden das Zuwachsprocent der zugehörigen Querfläche gefunden zu haben, so wiederholt man in ähnlicher Weise den in der Litteratur hervorgetretenen Trugschluß, je mehr Flächen eines Stammes untersucht würden, ein desto besseres Resultat müsse man für das Massenzuwachsprocent in dem gewonnenen Mittelwerthe erhalten. Dies wäre richtig, wenn sich Linien zu Flächen, Flächen zu Körpern aufsummirten.

Führen wir den Vergleich des Durchmesser- und Flächenzuwachses zu Ende und greifen einen concreten Fall heraus, daß nämlich die untersuchten Durchmesser gleich sind, so wird aus

$$\text{Fp (Formel VII)} = 400\,\frac{\frac{D_1}{n_1}+\frac{D_2}{n_2}+\cdots+\frac{D_n}{n_n}\,{}^{*)}}{D_1{}^2+D_2{}^2+\cdots+D_n{}^2}$$

$$\text{für } D_1 = D_2 = D_3 = \cdots = D_n$$

---

*) $D_1 - D_3 - \cdots - D_n$ bezeichnen hier verschiedene Durchmesser derselben Baumquerfläche.

$$F_p = 400 \, \frac{D \left(\frac{1}{n_1} + \frac{1}{n_2} + \frac{1}{n_3} + \cdots + \frac{1}{n_n} \right)}{n D^2}$$

$$= \frac{400}{nD} \left(\frac{1}{n_1} + \frac{1}{n_2} + \cdots + \frac{1}{n_n} \right)$$

Das Durchmesserzuwachsprocent $200 \, \dfrac{\frac{1}{n_1} + \frac{1}{n_2} + \frac{1}{n_3} + \cdots + \frac{1}{n_n}}{D_1 + D_2 + D_3 + \cdots + D_n}$

wandelt sich in $\dfrac{200}{nD} \left(\dfrac{1}{n_1} + \dfrac{1}{n_2} + \dfrac{1}{n_3} + \cdots + \dfrac{1}{n_n} \right)$, d. h. das Durch=
messerzuwachsprocent ist halb so groß wie das Flächenzuwachsprozent.
Ein Näherungswerth ist also lediglich durch Untersuchung von n Durch=
messern einer Baumquerfläche für das Flächenzuwachsprocent nicht zu
erzielen.

§ 5.

Es interessirt schließlich noch festzustellen, ob die Fehlercorrection,
welche sich mit $\dfrac{m}{400} p^2$ leicht an dem mit der Schneider'schen Nähe=
rungsformel für die Einzelfläche ermittelten Zuwachsprocent anbringen
ließ, mit Vortheil für die Verbesserung des für eine Reihe von Flächen
hergeleiteten mittleren Zuwachsprocents verwendet werden kann.

p_1 und p_2 seien Zuwachsprocente von Baum=Querflächen mit
den Durchmessern D_1 und D_2, p_m sei das richtig hergeleitete Mittel
von p_1 und p_2. Das nach Formel VI mit $\dfrac{m}{400} p_m^2$ verbesserte Zu=
wachsprocent der Schneider'schen Formel beträgt: $p_m - \dfrac{m}{400} p_m^2$; es
ist zu untersuchen, wie weit dieser Ausdruck von dem genauen mitt=
leren Flächenzuwachsprocent abweicht.

$$p_1 = \frac{400 \, \frac{D_1}{n_1}}{D_1^2}$$

$$p_2 = \frac{400 \, \frac{D_2}{n_2}}{D_2^2}$$

$$p_m = 400 \, \frac{\frac{D_1}{n_1} + \frac{D_2}{n_2}}{D_1^2 + D_2^2}$$

Corrigirt ist demnach

$$p_m = \frac{400\left(\dfrac{D_1}{n_1} + \dfrac{D_2}{n_2}\right)}{D_1{}^2 + D_2{}^2} - \frac{m}{400}\left(\frac{400\left(\dfrac{D_1}{n_1} + \dfrac{D_2}{n_2}\right)}{D_1{}^2 + D_2{}^2}\right)^2$$

$$= \frac{400}{(D_1{}^2 + D_2{}^2)^2}\left(\left(\frac{D_1}{n_1} + \frac{D_2}{n_2}\right)(D_1{}^2 + D_2{}^2) - m\left(\frac{D_1}{n_1} + \frac{D_2}{n_2}\right)^2\right)$$

Nach Formel I ist zu berechnen:

$$Z_m = D\pi b - \pi b^2 = \pi b\,(D - b),$$

und danach als durchschnittlich jährlicher Zuwachs einer m=jährigen Zuwachsperiode: $Z = \dfrac{\pi b\,(D - b)}{m}$.

Substituirt man für b: $\dfrac{m}{n}$, so erhält man:

$$Z = \frac{\pi\,\dfrac{m}{n}\left(D - \dfrac{m}{n}\right)}{m}$$

$$= \frac{\pi}{n}\left(D - \frac{m}{n}\right).$$

Dieser Ausdruck giebt den durchschnittlichen absoluten Jahreszuwachs der Fläche genau an; das genau richtige mittlere Flächenzuwachs=procent Fp_m beträgt demnach:

$$Fp_m = 100\,\frac{\left(\dfrac{\pi}{n_1}\left(D_1 - \dfrac{m}{n_1}\right)\right) + \left(\dfrac{\pi}{n_2}\left(D_2 - \dfrac{m}{n_2}\right)\right)}{D_1{}^2\dfrac{\pi}{4} + D_2{}^2\dfrac{\pi}{4}}$$

$$= 400\,\frac{\dfrac{D_1 - \dfrac{m}{n_1}}{n_1} + \dfrac{D_2 - \dfrac{m}{n_2}}{n_2}}{D_1{}^2 + D_2{}^2}$$

$$= \frac{400}{(D_1{}^2 + D_2{}^2)^2}(D_1{}^2 + D_2{}^2)\left(\frac{D_1}{n_1} - \frac{m}{n_1{}^2} + \frac{D_2}{n_2} - \frac{m}{n_2{}^2}\right).$$

Der Fehler: Corrigirtes $p_m - Fp_m$ beträgt nunmehr:

$$\frac{400}{(D_1{}^2 + D_2{}^2)^2}\left[\left(\left(\frac{D_1}{n_1} + \frac{D_2}{n_2}\right)(D_1{}^2 + D_2{}^2) - m\left(\frac{D_1}{n_1} + \frac{D_2}{n_2}\right)^2\right)\right.$$

$$\left. - \left((D_1{}^2 + D_2{}^2)\left(\frac{D_1}{n_1} - \frac{m}{n_1{}^2} + \frac{D_2}{n_2} - \frac{m}{n_2{}^2}\right)\right)\right].$$

Löst man die Klammern auf, so erhält man:

$$\frac{400}{(D_1{}^2+D_2{}^2)^2}\Big(\frac{D_1{}^3}{n_1} + \frac{D_2{}^3}{n_2} + \frac{D_1 D_2{}^2}{n_1} + \frac{D_2 D_1{}^2}{n_2} - m\frac{D_1{}^2}{n_1{}^2} - m\frac{D_2{}^2}{n_2{}^2}$$

$$-2m\frac{D_1 D_2}{n_1 n_2} - \frac{D_1{}^3}{n_1} - \frac{D_1 D_2{}^2}{n_1} + m\frac{D_1{}^2}{n_1{}^2} + m\frac{D_2{}^2}{n_1{}^2} - \frac{D_2 D_1{}^2}{n_2}$$

$$-\frac{D_2{}^3}{n_2} + m\frac{D_1{}^2}{n_2{}^2} + m\frac{D_2{}^2}{n_2{}^2}\Big).$$

Nach Forthebung der gleichen Glieder mit entgegengesetzten Vorzeichen bleibt:

$$\frac{400}{(D_1{}^2+D_2{}^2)^2}\Big(m\frac{D_1{}^2}{n_2{}^2} - 2m\frac{D_1 D_2}{n_1 n_2} + m\frac{D_2{}^2}{n_1{}^2}\Big) = \frac{400m}{(D_1{}^2+D_2{}^2)^2}\Big(\frac{D_1}{n_2} - \frac{D_2}{n_1}\Big)^2.$$

$\Big(\dfrac{D_1}{n_2} - \dfrac{D_2}{n_1}\Big)^2$ wandelt sich, durch p_1 und p_2 ausgedrückt, wie folgt:

$$p_1 = 400\,\frac{\dfrac{D_1}{n_1}}{D_1{}^2}$$

$$p_2 = 400\,\frac{\dfrac{D_2}{n_2}}{D_2{}^2}$$

$$p_1 - p_2 = 400\,\frac{D_2{}^2\dfrac{D_1}{n_1} - D_1{}^2\dfrac{D_2}{n_2}}{D_1{}^2 D_2{}^2} = \frac{400 D_1 D_2}{D_1{}^2 D_2{}^2}\Big(\frac{D_2}{n_1} - \frac{D_1}{n_2}\Big)$$

$$= \frac{400}{D_1 D_2}\Big(\frac{D_2}{n_1} - \frac{D_1}{n_2}\Big),$$

mithin:

$$\Big(\frac{D_2}{n_1} - \frac{D_1}{n_2}\Big)^2 \text{ oder } \Big(\frac{D_1}{n_2} - \frac{D_2}{n_1}\Big)^2 = \frac{(p_1 - p_2)^2 D_1{}^2 D_2{}^2}{400^2}.$$

Danach beträgt der Fehler:

$$\frac{m(p_1 - p_2)^2}{400} \times \frac{D_1{}^2 D_2{}^2}{(D_1{}^2 + D_2{}^2)^2}.$$

Dieser Ausdruck erhält seinen Maximalwerth, wie sich leicht, aber hier zu weit führend, beweisen läßt, wenn $D_1 = D_2$ wird; in diesem Falle formt sich der Ausdruck um in

$$\frac{m}{400 \times 4} (p_1 - p_2)^2 \text{ oder allgemein}^*)$$

$$\frac{m}{400 n^2} (p_1 - p_2)^2 + (p_1 - p_3)^2 + (p_1 - p_4)^2 + (p_1 - p_5)^2 + \cdots + (p_1 - p_n)^2$$
$$+ (p_2 - p_3)^2 + (p_2 - p_4)^2 + (p_2 - p_5)^2 + \cdots + (p_2 - p_n)^2$$
$$+ (p_3 - p_4)^2 + (p_3 - p_5)^2 + \cdots + (p_3 - p_n)^2$$
$$+ (p_4 - p_5)^2 + \cdots + (p_4 - p_n)^2$$
$$+ (p_{(n-1)} - p_n)^2.$$

Um diesen Werth findet man das nach der Schneider'schen Formel ermittelte mittlere Flächenzuwachsprocent höchstens zu groß, nachdem man an demselben die Correction $- \frac{m}{400} p_m^2$ angebracht hat.

Zahlenbeispiel: $p_1 = 5\%$ $p_2 = 4\%$ $p_3 = 3\%$ $p_4 = 4\%$ $m = 10$. Das corrigirte mittlere Zuwachsprocent p_m wird höchstens zu groß gefunden um $\frac{10}{400 \times 4^2} (1^2 + 2^2 + 1^2 + 1^2 + 1^2) = \frac{10 \times 8}{400 \times 16} = 0,0125$.

Sofern die Schwankungen der einzelnen Zuwachsprocente sich nicht in zu weiten Grenzen bewegen, wird man demnach ein von dem richtigen nur wenig abweichendes Zuwachsprocent erhalten, nachdem man das mit der Näherungsformel gefundene mittlere Zuwachsprocent p_m um $\frac{m}{400} p_m^2$ vermindert hat.

Unter allen Umständen wird das Zuwachsprocent hierdurch stets verbessert, also seinem wirklichen Werthe näher geführt.

Ist beispielsweise das mittlere Zuwachsprocent für den Jahresdurchschnitt einer 10 jährigen Zuwachsperiode zu 6% nach der Näherungsformel im richtigen Verfahren ermittelt, so beträgt dasselbe in Wirklichkeit höchstens $6 - \frac{10 \times 36}{400} = 5,1\%$.

---

*) Die Entwickelung des allgemeinen Ausdrucks ist unterblieben, weil sie verhältnißmäßig viel Raum in Anspruch nimmt und nach dem Vorstehenden ohne Weiteres durchgeführt werden kann.

§ 6.

Den Querflächenzuwachs bestimmt Preßler nach dem Durch-
messerzuwachs, und zwar in doppelter Weise: erstens auf Grund
einer Näherungsformel, welche das Flächenzuwachsprocent gleich setzt
dem doppelten des Durchmesserzuwachsprocents, und zweitens mittelst
einer Formel, die aus dem „relativen" Durchmesser $\dfrac{D}{D-d}$ das Flächenzuwachsprocent genau angiebt, und deren Anwendung durch Tafel 23
erleichtert wird.

Eine Besonderheit des Preßler'schen Verfahrens ist die Tren-
nung von „Vergangenheits"- und „Zukunfts"-Zuwachs — nach „rückwärts" und nach „vorwärts". Bei jenem bezieht es den absoluten
Zuwachs auf das arithmetische Mittel zwischen den Querflächen der
Gegenwart und am Anfange der Zuwachsperiode, bei diesem müßte
es Bezug nehmen auf das Mittel zwischen gegenwärtiger und künftiger Querfläche. Bezeichnet Z den absoluten Flächenzuwachs, so ist
das durchschnittlich jährliche Flächenzuwachsprocent einer m jährigen
Periode:

$$\text{nach rückwärts } Fp = \frac{100}{m}\frac{Z}{\dfrac{G+G-Z}{2}} = \frac{200}{m}\frac{Z}{2G-Z}$$

und es müßte lauten:

$$\text{nach vorwärts } Fp = \frac{100}{m}\frac{Z}{\dfrac{G+(G+Z)}{2}} = \frac{200}{m}\frac{Z}{2G+Z}.$$

Die Preßler'sche Näherungsformel setzt:

$$Fp = \frac{400}{m}\frac{D-d}{D+d} \quad (\text{nach rückwärts})$$

$$\text{und } Fp = \frac{400}{m}\frac{D-d}{D+(D+D-d)} = \frac{400}{m}\frac{D-d}{3D-d} \quad (\text{nach vorwärts}).$$

Ist b gleich der Breite des m jährigen Zuwachsringes, so daß
zu setzen ist:

$$D-d = 2b \text{ und}$$
$$d = D-2b, \text{ dann wird}$$

$$Fp = \frac{400}{m}\frac{2b}{2D-2b} = \frac{400}{m}\frac{b}{D-b} \quad (\text{nach rückwärts}).$$

$D - b$ ist der Mittelwerth zwischen D und d; bezeichnet man den Durchmesser $D - b = \dfrac{D + d}{2}$ mit $\mathfrak{D}$, so erhält man:

$$Fp = \frac{400}{m}\,\frac{b}{\mathfrak{D}}.$$

Es ist zu untersuchen, in wie weit dieser Ausdruck mit dem richtigen Flächenzuwachsprocent übereinstimmt resp. von diesem abweicht.

$$Fp = \frac{200}{m}\,\frac{Z}{2\,G - Z} \quad \text{(nach „rückwärts")}$$

Formel I giebt den genauen Ausdruck für den absoluten Flächenzuwachs $Z = \pi b\,(D - b) = \pi b \mathfrak{D}$.

Ferner ist $G = D^2 \dfrac{\pi}{4}$, oder für $D = \mathfrak{D} + b$

$$G = (\mathfrak{D} + b)^2\,\frac{\pi}{4}; \quad \text{mithin}$$

$$Fp = \frac{200}{m}\,\frac{\pi b \mathfrak{D}}{2\,(\mathfrak{D} + b)^2\,\dfrac{\pi}{4} - \pi b \mathfrak{D}}$$

$$= \frac{200}{m}\,\frac{b \mathfrak{D}}{\dfrac{(\mathfrak{D} + b)^2 - 2 b \mathfrak{D}}{2}}$$

$$= \frac{400}{m}\,\frac{b \mathfrak{D}}{\mathfrak{D}^2 + b^2}$$

Vernachlässigt man b^2, so erhält man als Näherungswerth den obigen Ausdruck $Fp = \dfrac{400}{m}\,\dfrac{b}{\mathfrak{D}}$. Der Fehler, mit welchem man das Zuwachsprocent nach dieser Näherungsformel behaftet erhält, ist gleich

$$\frac{400}{m}\left(\frac{b}{\mathfrak{D}} - \frac{b \mathfrak{D}}{\mathfrak{D}^2 + b^2}\right)$$

$$= \frac{400}{m}\,b\,\frac{\mathfrak{D}^2 + b^2 - \mathfrak{D}^2}{\mathfrak{D}\,(\mathfrak{D}^2 + b^2)} = \frac{400}{m}\,\frac{b}{\mathfrak{D}}\,\frac{b^2}{\mathfrak{D}^2 + b^2}$$

$$= \frac{400}{m}\,\frac{b}{\mathfrak{D}}\,\frac{1}{\left(\dfrac{\mathfrak{D}}{b}\right)^2 + 1}.$$

Bezeichnet p das Flächenzuwachsprocent aus der Näherungsformel, so folgt aus $p = \dfrac{400}{m}\dfrac{b}{\mathfrak{D}}$

$$\frac{\mathfrak{D}}{b} = \frac{400}{mp},$$

und weiter ergiebt sich als Fehler, um welchen p das Flächen=zuwachsprocent stets zu groß angiebt:

$$p\,\frac{1}{\dfrac{400^2}{m^2 p^2} + 1} = \frac{m^2 p^3}{400^2 + m^2 p^2}.$$

Zahlenbeispiel: Ist p mit der Näherungsformel $\dfrac{400}{m}\dfrac{D-d}{D+d}$ gleich 5 % gefunden, so ist bei 10 jähriger Zuwachsperiode das richtige Flächenzuwachsprocent kleiner um $\dfrac{100 \times 125}{400 \times 400 + 100 \times 25} = 0{,}08$, oder gleich rot. 4,92 %.

Aus Obigem geht hervor, daß der mit der Näherungsformel ermittelte Werth des Flächenzuwachsprocentes dem wirklichen Werthe desselben außerordentlich nahe kommt.

Für den Zuwachs nach „vorwärts" ergiebt sich das Nämliche, sofern man nur unter $\mathfrak{D}$ den Mittelwerth zwischen gegenwärtigem und künftigem Durchmesser versteht, also $D + b = \mathfrak{D}$ setzt. Die Näherungsformel lautet:

$$\begin{aligned}
Fp &= \frac{400}{m}\frac{D-d}{2D+D-d} = \frac{400}{m}\frac{2b}{2D+2b} \\
&= \frac{400}{m}\frac{b}{D+b} \\
&= \frac{400}{m}\frac{b}{\mathfrak{D}}.
\end{aligned}$$

Der genaue Ausdruck lautet:

$$\begin{aligned}
Fp &= \frac{200}{m}\frac{Z}{2G+Z} = \frac{200}{m}\frac{\pi b \mathfrak{D}}{2(\mathfrak{D}-b)^2\dfrac{\pi}{4}+\pi b \mathfrak{D}} \\
&= \frac{200}{m}\frac{b\mathfrak{D}}{\dfrac{(\mathfrak{D}-b)^2+2b\mathfrak{D}}{2}} \\
&= \frac{400}{m}\frac{b\mathfrak{D}}{\mathfrak{D}^2+b^2}
\end{aligned}$$

Wir haben dieselben Werthe wie vorher für den Zuwachs nach „rückwärts“, mithin auch denselben Differenzbetrag als Fehler.

Hervorzuheben ist noch, wie hier überall die Voraussetzung gemacht ist, daß der Zuwachsring der Zukunftsperiode sich in derselben Breite anlegt, wie in der Vergangenheitsperiode.

Es bleibt nunmehr diejenige Formel herzuleiten, welche der Tafel 23 zu Grunde liegt, aus der bekanntlich mittelst des „relativen“ Durchmessers $\frac{D}{D-d}$ das Flächenzuwachsprocent genau (wenigstens nach rückwärts) erhältlich ist.

Das durchschnittlich jährliche Zuwachsprocent nach rückwärts, also bezogen auf den Mittelwerth zwischen den beiden Querflächen am Anfange und Ende der Vergangenheitszuwachsperiode von m Jahren, findet seinen correcten Ausdruck in

$$Fp = \frac{100}{m} \frac{D^2 \frac{\pi}{4} - d^2 \frac{\pi}{4}}{\dfrac{D^2 \frac{\pi}{4} + d^2 \frac{\pi}{4}}{2}} = \frac{200}{m} \frac{D^2 - d^2}{D^2 + d^2}.$$

Eliminirt man d durch Einführung des relativen Durchmessers $r = \frac{D}{D-d}$, woraus $d = \frac{D(r-1)}{r}$, so wird:

$$Fp = \frac{200}{m} \frac{D^2 - \dfrac{D^2(r-1)^2}{r^2}}{D^2 + \dfrac{D^2(r-1)^2}{r^2}}$$

$$= \frac{200}{m} \frac{D^2 r^2 \left(r^2 - (r-1)^2\right)}{D^2 r^2 \left(r^2 + (r-1)^2\right)}$$

$$= \frac{200}{m} \frac{r^2 - (r-1)^2}{r^2 + (r-1)^2} \quad \text{(nach „rückwärts“)}.$$

Nach „vorwärts“ ermittelt Preßler das Zuwachsprocent mit vorstehender Formel, indem er den relativen Durchmesser einsetzt, welcher sich am Ende der Zukunftsperiode ergiebt. Ist der gegenwärtige relative Durchmesser $r = \frac{D}{D-d}$, so ist, wenn sich in der Zukunft ein ebenso breiter Zuwachsring anlegt, wie in der Vergangenheit, der künftige relative Durchmesser gleich $\frac{D+(D-d)}{D-d}=\frac{D}{D-d}+1=r+1$. Setzt man $r+1$ statt r in die obige Formel ein, so nimmt dieselbe folgende Gestalt an:

$$Fp = \frac{200}{m}\frac{(r+1)^2-r^2}{(r+1)^2+r^2} \quad \text{(nach „vorwärts“)}.$$

Aus Vorstehendem erhellt, daß zwar aus der Preßler'schen Formel bezw. Tafel das Zuwachsprocent nach rückwärts genau und einfach zu ermitteln ist, daß dagegen dasjenige nach vorwärts auf der unhaltbaren Voraussetzung gleich breit bleibender Zuwachsringe beruht. Es wird damit stets steigender Flächenzuwachs unterstellt, und so das Zuwachsprocent zu groß gefunden. Consequenter Weise hätte Preßler gleich bleibenden Flächenzuwachs annehmen und diesen ins Verhältniß zu dem Mittel zwischen jetziger und künftiger Querfläche setzen müssen. Die Preßler'sche Berechnung des Flächenzuwachs= procents nach „vorwärts“ hat demnach keinen Werth. Die Berechnung nach „rückwärts“, die als eine sehr exacte und einfache gelten muß, verliert leider auch ihren praktischen Werth durch die Schwierigkeit, welche sie der Ableitung von Mittelzahlen entgegenstellt.

Baummassenzuwachs.

In diesem Abschnitt soll nur der Zuwachs an ein und dem= selben Baume untersucht werden; den mittleren Zuwachs für eine Reihe von Bäumen bezw. für den durch dieselben gebildeten Bestand herzuleiten, bleibt dem dritten Abschnitte vorbehalten.

§ 7.

Die Masse eines Baumes betrage gegenwärtig M Masseneinheiten (Festmeter), am Anfange der m Jahre zählenden Zuwachsperiode habe sie betragen m Masseneinheiten, dann drückt die Differenz M — m den Gesammtmassenzuwachs des Baumes in der Periode aus, und der durchschnittliche Jahreszuwachs ist gleich $\dfrac{M-m}{m}$ Massen= einheiten (Festmeter). Die durchschnittliche Jahres=Zuwachseinheit, bezogen auf die gegenwärtige Masse M*), findet ihren Ausdruck in $Mz = \dfrac{M-m}{mM}$, und demgemäß das Zuwachsprocent in

$$Mp = \frac{100}{m}\frac{M-m}{M}.$$

Um M und m durch die Baumquerfläche an einer bestimmten Stammstelle, nämlich durch G — jetzige Querfläche — und g —

---

*) Die Varianten: Absoluter Massenzuwachs in Beziehung zu m oder zu $\dfrac{M+m}{2}$ bleiben einstweilen außer Betracht, wie vorher der absolute Flächenzuwachs in Beziehung zu g und $\dfrac{G+g}{2}$.

Querfläche am Anfange der Zuwachsperiode — auszudrücken, ist die Höhe und Formzahl der Gegenwart und Vergangenheit (am Anfange der Zuwachsperiode) einzuführen.

$$M = GHF$$
$$m = ghf$$

$$M - m = GHF - ghf;$$ danach ergiebt sich:

$$Mp = \frac{100}{m} \frac{GHF - ghf}{GHF},$$ oder durch D und d ausgedrückt:

$$Mp = \frac{100}{m} \frac{D^2HF - d^2hf}{D^2HF} \quad (VIII).$$

Zur Vereinfachung der Formel kommt es darauf an, HF und hf, die Formhöhen, zu eliminiren. Hierzu giebt es zwei Wege: Entweder sucht man das Verhältniß $HF : hf$ auszudrücken durch das Verhältniß $G : g$ resp. $D : d$*), oder man weist der Zuwachsuntersuchung einen Gang, bei welchem die Formhöhe am Anfange und Ende der Zuwachsperiode als unverändert angenommen werden kann, so daß also zu setzen ist $HF = hf$; dann wandelt sich der Ausdruck $$Mp = \frac{100}{m} \frac{GHF - ghf}{GHF}$$

in $$Mp = \frac{100}{m} \frac{G - g}{G} .$$

Der erste Fall läßt sich mannigfach variiren, je nach der Unterstellung, welche man für die Größe der Formhöhenänderung zu machen hat. Es kommt jetzt darauf an, eine allgemeine Formel zu finden, die den Einfluß der Formhöhenänderung auf das Massenzuwachsprocent in einer für die Rechnung bequemen Weise zur Geltung bringt. Die Formhöhe, in Beziehung zur Baumquerfläche gesetzt, kann sich in demselben Verhältniß geändert haben, wie diese, so daß sich verhält:

1) $HF : hf = G : g,$

oder bei noch größerem Formzuwachs könnte sich etwa verhalten

---

*) Stötzer hat diesen Weg, welchen König, demnächst auch Schneider und Preßler betreten haben, a. a. O. nachdrücklich empfohlen.

$$2) \quad HF : hf = G^2 : g^2, *)$$

oder bei geringerem etwa:

$$3) \quad HF : hf = \sqrt{G} : \sqrt{g},$$
$$= D : d.$$

Die Formhöhe des Stammes ist gleich der Masse desselben, dividirt durch die Stammgrundfläche, also

$$HF = \frac{M}{G}$$

$$hf = \frac{m}{g}.$$

Setzt man diese Werthe für HF und hf oben ein, so erhält man im Falle 1 für $HF = G : g$

$$\frac{M}{G} : \frac{m}{g} = G : g \quad \text{oder}$$

$$M : m = G^2 : g^2, \quad \text{woraus folgt}$$

$$\frac{M - m}{M} = \frac{G^2 - g^2}{G^2}.$$

Ferner ist $Mp = \frac{100}{m} \frac{M - m}{M}$, mithin auch

$$Mp = \frac{100}{m} \frac{G^2 - g^2}{G^2} = \frac{100}{m} \frac{D^4 - d^4}{D^4}.$$

Im Falle 2 ist $HF : hf = G^2 : g^2$; setzt man wieder die Werthe für HF und hf ein, so ergiebt sich:

$$\frac{M}{G} : \frac{m}{g} = G^2 : g^2 \quad \text{oder}$$

$$M : m = G^3 : g^3$$

$$\frac{M - m}{M} = \frac{G^3 - g^3}{G^3}$$

$$Mp = \frac{100}{m} \frac{G^3 - g^3}{G^3} = \frac{100}{m} \frac{D^6 - d^6}{D^6}.$$

---

*) Die aufgeführten Fälle dienen zunächst nur der Entwickelung der allgemeinen Formel, so daß also dahin gestellt bleibt, ob eine solche Formhöhenänderung von $HF : hf = G^2 : g^2$ vorkommt.

Im Falle 3 ist $HF : hf = \sqrt{G} : \sqrt{g}$

$$\frac{M}{G} : \frac{m}{g} = \sqrt{G} : \sqrt{g}$$

$$M : m = G\sqrt{G} : g\sqrt{g}$$

$$\frac{M - m}{M} = \frac{G\sqrt{G} - g\sqrt{g}}{G\sqrt{G}}$$

$$Mp = \frac{100}{m}\frac{G\sqrt{G} - g\sqrt{g}}{G\sqrt{G}} = \frac{100}{m}\frac{D^3 - d^3}{D^3}.$$

Für die behandelten Fälle sind demnach die Abstufungen des Massenzuwachsprocents folgende:

$$Mp = \frac{100}{m}\frac{D^2 - d^2}{D^2}, \quad \text{für } HF = hf$$

$$Mp = \frac{100}{m}\frac{D^3 - d^3}{D^3}, \quad \text{„ } HF : hf = \sqrt{G} : \sqrt{g} = D : d$$

$$Mp = \frac{100}{m}\frac{D^4 - d^4}{D^4}, \quad \text{„ } HF : hf = G : g = D^2 : d^2$$

$$Mp = \frac{100}{m}\frac{D^6 - d^6}{D^6}, \quad \text{„ } HF : hf = G^2 : g^2 = D^4 : d^4.$$

Der entsprechende Ausdruck für die beliebig vielen Zwischenstufen läßt sich jetzt ohne Weiteres herleiten, so z. B. für $HF : hf = \sqrt{D} : \sqrt{d} = D^{\frac{1}{2}} : d^{\frac{1}{2}}$

$$Mp = \frac{100}{m}\frac{D^2\sqrt{D} - d^2\sqrt{d}}{D^2\sqrt{D}} = \frac{100}{m}\frac{D^2 D^{\frac{1}{2}} - d^2 d^{\frac{1}{2}}}{D^2 D^{\frac{1}{2}}};$$

für $HF : hf = D\sqrt{D} : d\sqrt{d} = D^{\frac{3}{2}} : d^{\frac{3}{2}}$

$$Mp = \frac{100}{m}\frac{D^3\sqrt{D} - d^3\sqrt{d}}{D^3\sqrt{D}}$$

$$= \frac{100}{m}\frac{D^2 D^{\frac{3}{2}} - d^2 d^{\frac{3}{2}}}{D^2 D^{\frac{3}{2}}} \quad \text{u. s. w.}$$

Allgemein wird für $HF : hf = D^e : d^e$

$$Mp = \frac{100}{m}\frac{D^2 D^e - d^2 d^e}{D^2 D^e} = \frac{100}{m}\frac{D^{2+e} - d^{2+e}}{D^{2+e}}$$

oder für $HF : hf = G^e : g^e$

$$Mp = \frac{100}{m} \frac{GG^e - gg^e}{GG^e} = \frac{100}{m} \frac{G^{1+e} - g^{1+e}}{G^{1+e}}.$$

Diese Ausdrücke für Mp sind zwar genau, indessen zur Anwendung wenig geeignet. Formt man den ersten Ausdruck um

$$Mp = \frac{100}{m} \frac{D^{2+e} - d^{2+e}}{D^{2+e}},$$

so kann man zunächst setzen:

$$Mp = \frac{100}{m} \left(\frac{D^{2+e}}{D^{2+e}} - \frac{d^{2+e}}{D^{2+e}} \right) = \frac{100}{m} \left(1 - \left(\frac{d^2}{D^2} \right)^{\frac{2+e}{2}} \right)$$

$$= \frac{100}{m} \left(1 - \left(\frac{d^2}{D^2} \right)^{1+\frac{e}{2}} \right).$$

Bezeichnet Zm den absoluten Flächenzuwachs für die Zuwachsperiode von m Jahren, so läßt sich $\dfrac{d^2}{D^2} = \dfrac{d^2 \frac{\pi}{4}}{D^2 \frac{\pi}{4}}$ ausdrücken wie folgt:

$$d^2 \frac{\pi}{4} = D^2 \frac{\pi}{4} - Zm$$

$$\frac{d^2 \frac{\pi}{4}}{D^2 \frac{\pi}{4}} = \frac{D^2 \frac{\pi}{4} - Zm}{D^2 \frac{\pi}{4}} = 1 - \frac{Zm}{D^2 \frac{\pi}{4}}.$$

Führt man das durchschnittlich jährliche Flächenzuwachsprocent Fp ein, so wird

$$Zm = Fp \cdot D^2 \frac{\pi}{4} \cdot \frac{m}{100}$$

und

$$1 - \frac{Zm}{D^2 \frac{\pi}{4}} = 1 - Fp \frac{m}{100},$$

und weiter, wenn man für $\dfrac{d^2}{D^2}$ den vorstehenden Werth einsetzt:

$$Mp = \frac{100}{m}\left(1 - \left(1 - Fp\,\frac{m}{100}\right)^{1+\frac{e}{2}}\right)$$

$$\left(1 - Fp\,\frac{m}{100}\right)^{1+\frac{e}{2}} = 1 - \left(1 + \frac{e}{2}\right)Fp\,\frac{m}{100} + \left(1 + \frac{e}{2}\right)\frac{e}{4}\left(Fp\,\frac{m}{100}\right)^2$$

$$- \left(1 + \frac{e}{2}\right)\cdot\frac{e\left(\frac{e}{2}-1\right)}{12}\left(Fp\,\frac{m}{100}\right)^3 + \cdots \pm \left(Fp\,\frac{m}{100}\right)^{1+\frac{e}{2}}$$

$$Mp = \frac{100}{m}\left(1 + \frac{e}{2}\right)\left[Fp\,\frac{m}{100} - \frac{e}{4}\left(Fp\,\frac{m}{100}\right)^2 + \frac{e\left(\frac{e}{2}-1\right)}{12}\left(Fp\,\frac{m}{100}\right)^3\right.$$

$$\left. + \cdots \mp \left(Fp\,\frac{m}{100}\right)^{1+\frac{e}{2}}\right].$$

$Fp\,\frac{m}{100}$ wird stets ein echter Bruch sein, da für nicht zu lange Zu=
wachsperioden der Fall kaum[*]) vorkommen dürfte, daß $Fp \times m > 100$
oder $Fp > \frac{100}{m}$; mithin beeinfluſſen die höheren Potenzen den Werth
des Ausdrucks nicht weiter. Hieran ändert auch der Factor e nichts,
deſſen Werth über 2 kaum ($HF : hf = D^2 : d^2$) hinausgehen wird.
Von der dritten Potenz ab kann man deshalb die Glieder der vor=
stehenden Reihe unbedenklich vernachläſſigen. Braucht man auch die
zweite Potenz nicht mehr zu berückſichtigen, so entsteht die einfache
Formel:

$$Mp = \frac{100}{m}\left(1 + \frac{e}{2}\right)Fp\,\frac{m}{100} = Fp\left(1 + \frac{e}{2}\right) \quad \text{(IX)}.$$

Dieser Ausdruck, welcher das Maſſenzuwachsprocent zu groß an=
giebt, darf aber dann nicht angewendet werden, wenn eine längere Zu=
wachsperiode, starker Zuwachs und eine erhebliche Formhöhenveränderung in Frage kommt; in diesem Falle muß auch die zweite Potenz der
Reihe mit in die Rechnung eingestellt werden. Beispielsweise würde
für $Fp = 6$, $m = 10$ und $e = 2$ die Formel $Mp = Fp\left(1 + \frac{e}{2}\right)$ er=

---

[*]) Wenigstens nicht in haubaren, oder annähernd haubaren Beständen.

geben $Mp = 12\,\%$; zur Ermittelung des genaueren Werthes bliebe abzuſetzen

$$\frac{100}{m}\left(1 + \frac{e}{2}\right)\frac{e}{4}\left(Fp\,\frac{m}{100}\right)^2$$

oder

$$\frac{100}{10}\left(1 + \frac{2}{2}\right)\frac{2}{4}\left(6 \cdot \frac{10}{100}\right)^2 = 3{,}6,$$

und danach ergäbe ſich $Mp = 8{,}4\,\%$.

Die vorſtehenden Entwickelungen, welche davon ausgingen, daß ſich verhält $HF : hf = D^e : d^e$, gelten nun auch für den Fall $HF : hf = G^e : g^e$, oder in anderer Form

$$HF : hf = (D^2)^e : (d^2)^e = D^{2e} : d^{2e}.$$

Die Formel für das Maſſenzuwachsprocent läßt ſich hiernach ohne Weiteres aufſchreiben:

$$Mp = \frac{100}{m}\,(1 + e)\left[Fp\,\frac{m}{100} - \frac{e}{2}\left(Fp\,\frac{m}{100}\right)^2 + e\left(\frac{e-1}{6}\right)\left(Fp\,\frac{m}{100}\right)^3\right.$$
$$\left. + \cdots\cdots\cdots \mp \left(Fp\,\frac{m}{100}\right)^{1+e}\right]$$

und in der einfachſten Form:

$$Mp = Fp\,(1 + e)\ (X).$$

Bei abnehmender Formhöhe verhält ſich: $HF : hf = d^e : D^e$

$$\frac{HF}{hf} = \left(\frac{d}{D}\right)^e = \left(\frac{D}{d}\right)^{-e}$$

oder in nämlicher Weiſe $HF : hf = g^e : G^e$

$$\frac{HF}{hf} = \left(\frac{g}{G}\right)^e = \left(\frac{G}{g}\right)^{-e}.$$

Dementſprechend wird $Mp = Fp\left(1 - \frac{e}{2}\right)$

$$\text{und } Mp = Fp\,(1 - e).$$

Bei dem vorgeſchilderten Verfahren ermittelt ſich das Maſſen=zuwachsprocent lediglich aus dem Flächenzuwachsprocent nach der Formhöhenveränderung.

Was zunächſt das letztere angeht, ſo erheiſcht daſſelbe eine ſorg=fältige Herleitung, da ein etwaiger Fehler in Folge der Multiplication mit $1 + \dfrac{c}{2}$ bezw. $1 + c$ den Fehler für das Massenzuwachsprocent steigert. Wendet man die Schneider'sche Formel an, so ist jedenfalls die Correction des gefundenen p mit $-p^2 \dfrac{m}{400}$ zu empfehlen. Wird das Flächenzuwachsprocent direct ausgedrückt in der Formel für Mp, so ist für $HF : hf = D^e : d^e$

$$Mp = \frac{100}{m} \frac{G - g}{G} \left(1 + \frac{c}{2}\right)$$

und nach der Schneider'schen Formel

$$Mp = \frac{400 \dfrac{D}{n}}{D^2} \left(1 + \frac{c}{2}\right),$$

ferner für $HF : hf = G^e : g^e$

$$Mp = \frac{100}{m} \frac{G - g}{G} (1 + c) = \frac{400 \dfrac{D}{n}}{D^2} (1 + c).$$

Das vorstehende Verfahren der Ermittlung des Massen=
zuwachses erfordert besondere Vorsicht in der Anwendung und jeden=
falls eine annähernd richtige Erhebung der Formhöhenveränderung.[*)]
Hierdurch verliert die Methode außerordentlich an der ihr nachgerühmten
Einfachheit, und damit sinkt ihr Werth erheblich, zumal das Resultat,
welches sie liefert, doch nicht ganz im Einklange mit diesen Umständlich=
keiten steht. Dieselbe erscheint nur angezeigt für die Untersuchung
stehender Stämme, bei welchen lediglich die eine Querfläche in Meß=
höhe in Betracht genommen werden kann.

Noch bleibt der Preßler'schen 4 Stufen II—V in Tafel 24
Erwähnung zu thun, welche je nach Höhenwuchs und Kronenansatz
aus dem Zuwachsprocent der Fläche dasjenige der Masse herleiten
will. Der Flächenprocentformel lag der Ansatz zu Grunde:

$$Fp = \frac{200}{m} \frac{D^2 - d^2}{D^2 + d^2},$$

woraus sich ergiebt als Massenzuwachsprocent:

---

*) Das Verfahren hierfür ist im § 12 dieser Schrift näher ausgeführt.

$$Mp = \frac{200}{m} \frac{D^2 HF - d^2 hf}{D^2 HF + d^2 hf}$$

$$= \frac{200}{m} \frac{D^2 \frac{HF}{hf} - d^2}{D^2 \frac{HF}{hf} + d^2} .$$

Bemißt man die Formhöhenveränderung während der Zuwachs=periode nach der Veränderung des Durchmessers, setzt also $\frac{HF}{hf} = \left(\frac{D}{d}\right)^e$, so wird

$$Mp = \frac{200}{m} \frac{D^{2+e} - d^{2+e}}{D^{2+e} + d^{2+e}},$$

oder wenn man den relativen Durchmesser $r = \frac{D}{D-d}$ einführt, woraus $d = \frac{D(r-1)}{r}$, so erhält man:

$$Mp = \frac{200}{m} \frac{r^{2+e} - (r-1)^{2+e}}{r^{2+e} + (r-1)^{2+e}} \quad \text{nach rückwärts,}$$

und nach vorwärts: $Mp = \frac{200}{m} \frac{(r+1)^{2+e} - r^{2+e}}{(r+1)^{2+e} + r^{2+e}}.$

Die Stufe II entspricht dem Verhältniß $\frac{HF}{hf} = \left(\frac{D}{d}\right)^{\frac{1}{3}}$, die Stufe III gilt für $\frac{HF}{hf} = \left(\frac{D}{d}\right)^{\frac{2}{3}}$, die Stufe IV für $\frac{HF}{hf} = \frac{D}{d}$ und Stufe V für $\frac{HF}{hf} = \left(\frac{D}{d}\right)^{\frac{4}{3}}$.

Näherungsweise würden sich diese Abstufungen nach Formel IX $Mp = Fp \left(1 + \frac{e}{2}\right)$ ausdrücken lassen, wie folgt:

ad II: $Mp = Fp \times {}^{7}/_{6}$
ad III: $Mp = Fp \times {}^{8}/_{6}$
ad IV: $Mp = Fp \times {}^{9}/_{6}$
ad V: $Mp = Fp \times {}^{10}/_{6}.$

Der fernere Weg, welcher offen steht, um aus dem Ausdruck $Mp = \dfrac{100}{m} \dfrac{GHF - ghf}{GHF}$ Höhe und Formzahl zu eliminiren, geht davon aus, daß letztere in der Zuwachsperiode sich nicht wesentlich ändern. Wenn man die Zuwachsuntersuchung auf den bis zur Derbholzgrenze abgelängten Stamm beschränkt, so muß die Stammlänge für den Anfang und das Ende der Zuwachsperiode die nämliche sein, sofern nur die Zuwachsperiode nicht so lang ist, daß während derselben entstandene Stammtheile noch ins Derbholz hinein wachsen. Man erhält auf diese Weise das Zuwachsprocent vom Derbholze allerdings etwas zu klein; denn in den Ausdruck $\dfrac{M - m}{M}$ wird m zu groß eingesetzt, nämlich mit der Derbholzmasse am Anfang der Zuwachsperiode plus den zu jener Zeit etwa noch ins Reisigholz fallenden, inzwischen aber ins Derbholz gewachsenen Stammtheilen; mit anderen Worten, der Derbholzzuwachs wird um soviel zu klein gefunden, als die Masse der während der Zuwachsperiode ins Derbholz wachsenden Stammtheile beträgt.

Diesen Zuwachs unberücksichtigt zu lassen, erscheint um so unbedenklicher, je kürzer die Zuwachsperiode ist, namentlich aber in haubaren Beständen, in welchen die auf jene Weise entstehende Mehrung der Derbholzmasse kaum ins Gewicht fallen dürfte.

Vielfach beschränkt sich die Massenermittlung lediglich auf das Derbholz, wie z. B. bei der Preußischen Taxation; in solchem Falle ist es nur consequent, auch für die Zuwachsuntersuchung diese Grenze zu ziehen.

Die weitere Frage gehört der Formzahl. Dieselbe würde sich vollständig eliminiren, wenn es gelänge, eine Gruppe von Baumquerflächen zusammenzufinden, welche multiplicirt mit der Höhe den Inhalt des bis zur Derbholzgrenze abgelängten Baumes richtig angiebt, gleichviel welche stereometrische Form ihm eigen ist; dann könnte der Baum seine stereometrische Form während der Zuwachsperiode ändern, die Formzahlen F und f blieben dieselben und ließen sich aus dem Ausdruck für Mp wegheben.

Mehrere solcher Flächengruppen, welche der genannten Bedingung mehr oder weniger genügen, sind bekannt. Die Huber'sche Formel (Mittenquerfläche mal Stammlänge) und die Smalian'sche (die halbe Summe der unteren und oberen Abschnittsfläche mal Stammlänge) giebt den Inhalt richtig an, wenn der Baum die Form des Cylinders oder abgestumpften ausgebauchten Kegels hat. Die Riecke'sche Formel ($\frac{1}{6}$ der Summe von unterer und oberer Abschnitts-

fläche und 4facher Mittenquerfläche mal Baumlänge: $\frac{G_0+G_n+4G_{mi}}{6} \times L$),

gilt gleichmäßig für den Cylinder und die abgestumpften 3 Kegelformen, nämlich den gradseitigen, ausgebauchten und eingebauchten Kegel. Eine andere Flächengruppe bietet die Hoßfeldt'sche Formel, die den Inhalt des Baumes genau angiebt für dieselben stereometrischen Formen wie die Riecke'schen Formel, nur mit der Einschränkung, daß jene Formel für den eingebauchten Kegel einen (allerdings fast genauen) Näherungswerth darstellt; sie giebt den Inhalt aus $\frac{1}{4}$ der Summe von oberer Abschnittsfläche und 3facher Querfläche in $\frac{1}{3}$ der Stammlänge (G) mal der Stammlänge: $\frac{G_n + 3G}{4} \times L$.

Die Verwerthung dieser Flächengruppen für den vorliegenden Zweck ergiebt sich von selbst: Bezeichnet man die gegenwärtigen Querflächen mit G, diejenigen am Anfange der Zuwachsperiode mit g, und mit L die Stammlänge, so ist nach der Riecke'schen Formel der absolute Zuwachs für die Periode von m Jahren: $\frac{G_0 + G_n + 4G_{mi}}{6}L - \frac{g_0 + g_n + 4g_{mi}}{6}L$

oder für 1 Jahr: $= \frac{L}{m \times 6}[(G_0 + G_n + 4G_{mi}) - (g_0 + g_n + 4g_{mi})]$

und demnach das Massenzuwachsprocent, bezogen auf die gegenwärtige Masse:

$$Mp = 100 \times \frac{\frac{L}{m \times 6}[(G_0 + G_n + 4G_{mi}) - (g_0 + g_n + 4g_{mi})]}{\frac{L}{6}(G_0 + G_n + 4G_{mi})}$$

$$= \frac{100}{m} \frac{(G_0 + G_n + 4G_{mi}) - (g_0 + g_n + 4g_{mi})}{G_0 + G_n + 4G_{mi}}$$

und analog nach der Hoßfeldt'schen Formel:

$$Mp = \frac{100}{m} \frac{(G_n + 3\mathfrak{G}) - (g_n + 3g)}{G_n + 3\mathfrak{G}}.$$

Will man sich mit den Näherungswerthen der Schneider'schen Formel begnügen, so läßt sich ableiten aus:

$$Mp = \frac{100}{m} \frac{(G_0 + G_n + 4G_{mi}) - (g_0 + g_n + 4g_{mi})}{G_0 + G_n + 4G_{mi}}$$

zunächst

$$Mp = \frac{100}{G_0 + G_n + 4G_{mi}} \left(\frac{G_0 - g_0}{m} + \frac{G_n - g_n}{m} + \frac{4(G_{mi} - g_{mi})}{m} \right),$$

und nach Formel V für $\dfrac{G - g}{m} = Z$ eingesetzt $\dfrac{D\pi}{n}$, und G ausgedrückt durch $D^2 \dfrac{\pi}{4}$:

$$Mp = \frac{400}{D_0{}^2 + D_n{}^2 + 4D_{mi}^{2}} \left(\frac{D_0}{n_0} + \frac{D_n}{n_n} + \frac{4D_{mi}}{n_{mi}} \right).$$

Dementsprechend wird aus dem der Hoßfeldt'schen Formel entlehnten Massenzuwachsprocent:

$$Mp = \frac{400}{D_n{}^2 + 3\mathfrak{D}^2} \left(\frac{D_n}{n_n} + \frac{3\mathfrak{D}}{n} \right).$$

Nach der Huber'schen Formel ergiebt sich:

$$Mp = \frac{100}{m} \frac{G_{mi} - g_{mi}}{G_{mi}} \quad \text{oder auch}$$

$$= \frac{400}{D_{mi}^{2}} \frac{D_{mi}}{n_{mi}}.$$

Preßler's Mittenquerflächen=Verfahren weicht von dem vorstehenden nur insoweit ab, als es diejenige Querfläche zur Untersuchung zieht, welche sich als Mittenquerfläche des Stammes am Anfange der Zuwachsperiode darstellt. Im Vergleich zur Lage der gegenwärtigen Mittenquerfläche des unentwipfelten Stammes rückt nach der zuwachsrechten Entwipfelung die Mittenquerfläche etwas tiefer, das an dieser ermittelte Zuwachsprocent stellt sich etwas niedriger und tritt dadurch erfahrungsmäßig dem Massenzuwachsprocent näher. Indessen steht der Zeitaufwand, welcher mit dem Entwipfeln ver-

bunden ift, zu dem Gewinn in gar keinem Verhältniß; es würde
vollkommen ausreichen, je nach dem Maße der Höhenzunahme unter
die gegenwärtige Stammesmitte um ein schätzungsweise zu bestimmendes
Stück bei der Untersuchung herunterzugehen.*)

Daß übrigens eine ganz willkürliche Auswahl von Baum=
querflächen bezw. Gruppen von solchen, um daraus das Massen=
zuwachsprocent herzuleiten, das Resultat dem Zufalle preisgiebt, geht
aus den Erörterungen dieses Paragraphen ohne Weiteres hervor.

§ 9.

Das Sectionsverfahren kommt hier in erster Linie in Betracht
als diejenige Methode, welche durch die Genauigkeit ihrer Resultate
den Maßstab für die Beurteilung der Näherungsmethoden abgiebt.
Dasselbe ist hinreichend bekannt: Der Stamm wird in eine Anzahl
gleich langer Sectionen abgetheilt, und deren Mittenquerflächen werden
nach ihrer gegenwärtigen und vormaligen Größe (am Anfang der
Zuwachsperiode) ermittelt. An die Stelle des Einzelstammes treten
eine Reihe von Stammtheilen, die gleiche Länge haben und im
Wesentlichen die gleiche Form. Auch die Formveränderung nicht zu
langer Sectionen fällt für eine kurze Zuwachsperiode nicht ins Gewicht,
so daß sich $HF = hf$ setzen läßt. Unter dieser Annahme eliminirt
sich die Formhöhe aus dem Ausdrucke für das Massenzuwachsprocent,
und wir erhalten:

$$Mp = \frac{100[(G_1 - g_1) + (G_2 - g_2) + \cdots\cdots + (G_n - g_n)]}{m(G_1 + G_2 + \cdots\cdots + G_n)}$$

und wenn G und g die Querflächensummen bezeichnen:

$$Mp = \frac{100}{m} \frac{(G - g)}{G}$$

oder durch D und d ausgedrückt:

---

*) Bei dem in diesem Paragraphen geschilderten Verfahren will sich
die Zuwachsuntersuchung grundsätzlich auf das Derbholz beschränken, also
die außerhalb der Derbholzgrenze fallende Stammspitze außer Betracht
lassen; dadurch allein schon kommt die Mittenquerfläche in den meisten
Fällen tiefer zu liegen, als bei der zuwachsrechten Entwipfelung nach
Preßler.

$$Mp = \frac{100}{m} \frac{D^2 - d^2}{D^2}.$$

Wie sich noch später näher ergeben wird, ist das Sectionsverfahren nicht bloß in den Fällen angezeigt, in welchen es sich um Gewinnung eines Maßstabes zur Prüfung anderer weniger genauer Methoden handelt; vielmehr verdient dasselbe auch in der Praxis der Zuwachs=ermittlung ausgedehntere Anwendung, wenn es auch die Untersuchung einer verhältnißmäßig großen Anzahl von Baumquerflächen erforderlich macht; dafür fallen alle Nebenerhebungen, wie z. B. bezüglich der Formhöhenveränderung fort, wozu dann noch der Vortheil einer sehr bequemen Ableitung von Mittelwerthen kommt. Nach Maßgabe der Schneider'schen Formel läßt sich auch das Massenzuwachsprocent des Sectionsverfahrens unter Anwendung von Formel V umwandeln wie folgt:

$$Mp = \frac{100}{m} \frac{[(G_1 - g_1) + (G_2 - g_2) + \cdots + G_n - g_n)]}{(G_1 + G_2 + \cdots + G_n)}$$

$$= \frac{100\left(\dfrac{G_1 - g_1}{m} + \dfrac{G_2 - g_2}{m} + \cdots + \dfrac{G_n - g_n}{m}\right)}{G_1 + G_2 + \cdots + G_n}$$

$$= \frac{400}{D_1{}^2 + D_2{}^2 + \cdots + D_n{}^2}\left(\frac{D_1}{n_1} + \frac{D_2}{n_2} + \cdots + \frac{D_n}{n_n}\right),$$

und wenn D^2 und $\dfrac{D}{n}$ die respectiven Summen bezeichnen

$$Mp = \frac{400\dfrac{D}{n}}{D^2} \quad \text{(XI)}.$$

Der vorstehende Ausdruck giebt denselben Näherungswerth für das Massenzuwachsprocent, wie die Schneider'sche Formel für das mittlere Flächenzuwachsprocent (§ 5 dieser Schrift). Das Massen=zuwachsprocent ist also zu groß gefunden. Die Fehlercorrection betrug dort $-\dfrac{m}{400}\,p^2$, ebenso ist hier von Mp in Abzug zu bringen $\dfrac{m}{400}\,Mp^2$, um das Massenzuwachsprocent fast ebenso genau zu erhalten, wie in dem Ausdruck $Mp = \dfrac{100}{m}\dfrac{G - g}{G}$.

§ 10.

Der Altersdurchschnittszuwachs des Einzelstammes von der Masse M und dem Alter A ist gleich $\frac{M}{A}$, oder M ausgedrückt durch GHF: $\frac{M}{A} = \frac{GHF}{A}$. Der laufende Massenzuwachs für die m jährige Zuwachsperiode ist gleich M — m und für 1 Jahr gleich $\frac{M-m}{m} = \frac{GHF-ghf}{m}$.

Vergleicht man den laufenden Zuwachs mit dem Altersdurchschnittszuwachs, so kann sein:

$$\frac{GHF-ghf}{m} \gtreqless \frac{GHF}{A} \quad \text{und für HF} = \text{hf:}$$

$$\frac{G-g}{m} \gtreqless \frac{G}{A}.$$

Setzt man für $\frac{G-g}{m} = Z$ den Näherungswerth nach Formel V mit $\frac{D\pi}{n}$ ein und drückt G durch D aus, so entsteht:

$$\frac{D\pi}{n} \gtreqless \frac{\frac{D^2\pi}{4}}{A} \quad \text{oder}$$

$$\frac{4}{n} A \gtreqless D^*)$$

in Worten: Ist $\frac{4}{n}$ A gleich D, so ist näherungsweise für den untersuchten Einzelstamm festgestellt, daß der laufende Zuwachs gleich dem Altersdurchschnittzuwachs ist; ist $\frac{4}{n}$ A größer als D, so übertrifft der laufende Zuwachs den Durchschnittszuwachs, und umgekehrt, wenn $\frac{4}{n}$ A kleiner als D. — Daß es sich nur um eine näherungsweise Feststellung hierbei handeln kann, geht aus Obigem deutlich hervor.

Für den vorstehenden Ausdruck kann, wie Borggreve**) will, auch dann strenge mathematische Richtigkeit nicht beansprucht werden,

---

*) Formel nach Borggreve'scher Fassung.
**) Forstliche Blätter. Juniheft de 1881. Seite 182.

wenn die Substitution von $\frac{1}{n}$ für $\frac{b}{m}$ unterbleibt; der absolute Flächenzuwachs findet seinen correcten Ausdruck in der Formel I: $D\pi b - b^2\pi$,
und wenn man unter Vernachlässigung von $b^2\pi$ den Flächenzuwachs
gleich $D\pi b$ setzt, so resultirt eben nur ein Näherungswerth. Führt
man daher oben in den Ausdruck

$$\frac{G-g}{m} \gtreqless \frac{G}{A}$$

den Näherungswerth für

$$\frac{G-g}{m} = \frac{D\pi b}{m}$$

ein, so bleibt auch die Angabe der so erhaltenen Bedingungsgleichung

$$\frac{D\pi b}{m} \gtreqless \frac{\frac{D^2\pi}{4}}{A} \quad \text{oder}$$

$$4\frac{b}{m}A \gtreqless D$$

nur eine näherungsweise, selbst wenn man zunächst ganz davon
absieht, daß der Ausdruck nur erhältlich ist, wenn die Formhöhe
innerhalb der Zuwachsperiode unverändert bleibt.

Dem obigen Ausdruck ist der Vorzug vindicirt, in einer einfachen
Form den Vergleich zwischen laufendem Zuwachs und Altersdurchschnittszuwachs zu ermöglichen. Zieht man in Betracht, was
der Ausdruck schließlich besagt, so scheint mir diejenige Form die
geeignetste, welche direct seine Bedeutung erkennen läßt; desto besser
und leichter ist seine Anwendbarkeit. Hat man nach einer der
besprochenen Methoden das Massenzuwachsprocent d. h. den laufenden
Zuwachs an der Masse 100 ermittelt, so empfiehlt es sich, diesen
laufenden Zuwachs ohne Weiteres mit dem correspondirenden Altersdurchschnittszuwachs $\frac{100}{A}$ zu vergleichen, also zu setzen:

$$Mp \gtreqless \frac{100}{A}.$$

Wie man das Massenzuwachsprocent ermitteln will, bleibt dem einzelnen Falle überlassen, ob nach dem Sectionsverfahren, oder durch Identificirung mit dem Flächenzuwachsprocent nach der Schneider'schen Formel, oder nach einer sonstigen Näherungs= methode. Ist dann Mp bekannt, so bleibt nur noch die Division von 100 durch das Baumalter auszuführen, um zu erkennen, ob der gegenwärtige Zuwachs des Baumes gleich, größer oder kleiner als der durchschnittliche ist. In der Anwendung stellt sich die Sache also so: Bei 90jährigem Alter des untersuchten Stammes muß das Zuwachsprocent wenigstens noch $\frac{100}{90} = 1,1$, bei 100jährigem Baum= alter wenigstens noch $\frac{100}{100} = 1,0$, bei 110jährigem Alter wenigstens noch $\frac{100}{110} = 0,9$, bei 120jährigem Alter wenigstens noch $\frac{100}{120} = 0,8$ u. s. w. betragen, wenn der laufende Zuwachs des Baumes nicht unter den Altersdurchschnittszuwachs gesunken ist.

Nur über das Verhältniß zwischen laufendem Zuwachs und Altersdurchschnittszuwachs von dem untersuchten Stamme, resp. einer Mehrzahl von Stämmen giebt die Formel Auskunft. Die für das Wesen des Umtriebes unerläßliche Relation zur Fläche fehlt in der= selben, die Bedeutung einer Umtriebsformel muß ihr demnach ab= gesprochen werden, wie im nächsten Abschnitt noch näher begründet werden wird.

Dritter Abschnitt.

Mittlerer Baummaſſenzuwachs und Beſtands-
maſſenzuwachs.

Die Feſtſtellung, wie die Mehrung der Maſſe für eine Reihe von unterſuchten Stämmen im Durchſchnitt erfolgt, liefert den mittleren Baummaſſenzuwachs, der die Grundlage bildet für den Beſtandsmaſſenzuwachs. Für die Beſtimmung des letzteren iſt maß- gebend, daß zu dem Begriff des Waldbeſtandes gehört die Baum- maſſe mit ihrer Beziehung zur Fläche, auf welcher ſie ſtockt. Der durchſchnittliche Beſtandsmaſſenzuwachs leitet ſich demnach her als Mittelwerth aus dem mittleren Baummaſſenzuwachs der einzelnen Beſtandsklaſſen und findet erſt durch Radicirung auf die Flächen- einheit ſeinen prägnanten Ausdruck in der Zuwachsleiſtung des Beſtandes pro Hectar.

§ 11.

Um die Ergebniſſe der Zuwachsunterſuchung an einer Reihe von Stämmen in einer Mittelzahl zuſammenzufaſſen, muß man wieder auf die abſoluten Zuwachsgrößen zurückgehen. Iſt die gegenwärtige Maſſe der unterſuchten Stämme M, die Maſſe am Anfange der Zuwachsperiode m, ſo ergiebt ſich als mittleres Baummaſſenzuwachs- procent $Mp = \dfrac{100}{m} \dfrac{M - m}{M}$. Drückt man M und m durch die Baum- querflächen aus, indem man mit HF und hf die mittlere Formhöhe am Anfange und Ende der Zuwachsperiode bezeichnet, ſo erhält man

$$Mp = \frac{100}{m} \frac{GHF - ghf}{GHF}.$$

Der Ausdruck vereinfacht sich, wenn HF und hf gleich gesetzt werden können. Dies erscheint ohne Weiteres zulässig beim Sections=verfahren, § 9 dieser Schrift. G und g bedeutet alsdann die Summe der Mittenflächen der einzelnen Sectionen, die sämmtlich gleiche Länge haben, und deren Form sich während einer kurzen Zuwachsperiode nicht wesentlich verändert, sofern die Sectionen nur nicht zu lang, also wie gebräuchlich zu 1—2 Meter gewählt sind. Demnach ist der Ausdruck erhältlich $Mp = \dfrac{100}{m} \dfrac{G - g}{G}$ in Worten: Das mittlere Zuwachsprocent wird beim Sectionsverfahren lediglich gefunden aus den Sectionsmittenflächen der untersuchten Stämme am Anfange und Ende der Zuwachsperiode. Ausgedrückt durch

D wird $$Mp = \frac{100}{m} \frac{D^2 - d^2}{D^2}$$

und als Näherungswerth nach Analogie der Schneider'schen Formel

$$Mp = 400 \frac{\dfrac{D}{n}}{D^2},$$

in welchem Ausdruck 400 constant ist, und $\dfrac{D}{n}$ und D^2 selbstverständlich als Summengrößen aufzufassen sind.

Es liegt somit eine sehr einfache Formel vor, die frei von schwankenden unsicheren Factoren durch die leicht in correcter Weise vorzunehmenden Erhebungen ihrer Elemente die Gewähr für ein sicheres Resultat bietet. Allerdings kann sie nur angewendet werden auf liegende Stämme.

Unter gleicher Einschränkung finden hier die Methoden ihren Platz, welche, wie im § 8 erörtert, die Zuwachsuntersuchung nur auf das Derbholz bezw. den bis zur Derbholzgrenze abgelängten Stamm ausdehnen und davon ausgehen, daß bestimmte Gruppen von Quer=flächen eines Stammes, multiplicirt mit der Länge desselben, die Baum=masse für verschiedene Baumformen mehr oder minder richtig wieder=geben. Es führt zu weit, diese Methoden hier nach den einzelnen Formeln zu variiren, sie ergeben sich nach der Ausführung des § 8 von selbst. Unter Zugrundelegung der Huber'schen Formel (Mitten=querfläche mal Baumlänge) erhält man beispielsweise:

$$Mp = \frac{100}{m} \frac{G_{mi} HF - g_{mi} hf}{G_{mi} HF},$$

worin G_{mi} und g_{mi} die Mittenquerflächen sämmtlicher untersuchten Stämme am Anfange und Ende der Zuwachsperiode bezeichnen; ferner nach der Riecke'schen Formel

$$Mp = \frac{100}{m} \frac{(G_0 + G_u + 4G_{mi}) HF - (g_0 + g_n + 4g_{mi}) hf}{(G_0 + G_u + 4G_{mi}) HF},$$

worin G_0 und g_0 die unteren, G_u und g_n die oberen Stammendflächen und G_{mi} und g_{mi} die Mittenflächen der untersuchten Stämme bezeichnen. In beiden Formeln geben HF und hf die mittlere Form=höhe am Anfang und Ende der Zuwachsperiode an; da die Längen H und h dieselben sind, die Aenderung der Formzahl, also der Unterschied von F und f, aber bei diesen Methoden an Bedeutung verliert, so kann man näherungsweise setzen HF = hf und demnach

$$Mp = \frac{100}{m} \frac{G_{mi} - g_{mi}}{G_{mi}}$$

und

$$Mp = \frac{100}{m} \frac{(G_0 + G_u + 4G_{mi}) - (g_0 + g_u + 4g_{mi})}{G_0 + G_n + 4G_{mi}}$$

und endlich auch als Näherungswerth nach Analogie der Schneider=schen Formel:

$$Mp = 400 \frac{\dfrac{D_{mi}}{n_{mi}}}{D_{mi}^2}$$

und

$$Mp = 400 \frac{\dfrac{D_0}{n_0} + \dfrac{D_u}{n_n} + \dfrac{4D_{mi}}{n_{mi}}}{D_0{}^2 + D_n{}^2 + 4D_{mi}^2}.$$

Diese letzteren Methoden ersparen gegenüber der Sectionsmethode die Untersuchung einer ganzen Reihe von Querflächen; ihr Genauigkeits=grad muß allerdings ein geringerer sein, da die ihnen zu Grunde liegenden Inhaltsformeln den Bauminhalt genau nur für eine bestimmte Zahl von stereometrischen Formen angeben. Immerhin machen dieselben es entbehrlich, die Formveränderung innerhalb der

Zuwachsperiode festzustellen, eine Untersuchung, die, wenn sie zuverlässige Resultate zeitigen soll, sehr zeitraubend ist.

Aus diesem Grunde dürfte es sich durchaus empfehlen, diese
Methoden einer näheren Untersuchung in der Praxis behufs Fest=
stellung der Fehlergrenzen zu unterziehen. Die Untersuchung hat in
Vergleich zu setzen das durch die Näherungsmethoden geförderte
Resultat mit demjenigen eines möglichst genauen Verfahrens, als
welches zunächst nur das Sectionsverfahren in Frage kommen kann.

Der Anfang hierzu ist in den Schlußtabellen dieser Schrift
gemacht, eben ein bescheidener Anfang, der nichts beweisen, sondern
mehr als Beispiel für die Methode selbst dienen soll. Im Uebrigen
sei, wie hier schon kurz angedeutet werden mag, der Grundsatz maß=
gebend: Massenermittlung und Zuwachsermittlung müssen in der
Ausführung Hand in Hand gehen. Ohne Massenermittlung gelangt
die Zuwachsuntersuchung nicht ans Ziel; muß sie sich also auf jene
stets stützen, so adoptirt sie zweckmäßig auch ihre Methode, die dann
für beide Untersuchungen ein und denselben Genauigkeitsgrad mit
sich bringt.

§ 12.

Die Formel

$$Mp = \frac{100}{m} \frac{M - m}{M}$$

bildet auch den Ausgangspunkt für Ermittlung des mittleren Massen=
zuwachsprocents aus der Zuwachsuntersuchung an stehenden Stämmen;
jedoch spielt hier die richtige Feststellung der Formhöhenveränderung
des Bestandes innerhalb der Zuwachsperiode eine besondere Rolle.
Diese Veränderung der auf die Baumquerfläche in Meßhöhe bezogenen
Formhöhe kann eine ganz außerordentlich verschiedene sein; Höhen=
zuwachs und Formzuwachs können beide sehr bedeutend oder sehr
gering, oder einer von beiden kann groß, der andere klein sein.
Die verschiedenen Abstufungen des Massenzuwachsprocents nach
Maßgabe der Formhöhe finden ihren Ausdruck durch die in § 7
abgeleiteten Formeln, deren einfachste Gestalt lautete für HF : hf
= $G^e : g^e$:

$$Mp = \frac{100}{m}\,\frac{G-g}{G}\,(1+c) = \frac{400\dfrac{D}{n}}{D^2}\,(1+c).$$

Hier ist die Formel so zu verstehen, daß G und g die Stamm=grundflächensummen, ebenso auch D^2 und $\dfrac{D}{n}$ die bezüglichen Summen=größen von sämmtlichen zur Untersuchung gezogenen Stämmen repräsentiren oder m. a. W.: $\dfrac{100}{m}\,\dfrac{G-g}{G}$ bezw. $\dfrac{400\dfrac{D}{n}}{D^2}$ sind als Ausdrücke des mittleren Flächenzuwachsprocents zu verstehen, aus welchem sich durch Multiplication mit $(1+c)$ ohne Weiteres das mittlere Massenzuwachsprocent herleitet. Beispielsweise ergeben sich folgende Werthe:

$$Mp = \frac{100}{m}\,\frac{G-g}{G} = \frac{400\dfrac{D}{n}}{D^2} \quad \text{für } HF = hf$$

$$Mp = \frac{125}{m}\,\frac{G-g}{G} = \frac{500\dfrac{D}{n}}{D^2} \quad \text{für } HF : hf = \sqrt[4]{G} : \sqrt[4]{g} = G^{\frac{1}{4}} : g^{\frac{1}{4}}$$

$$Mp = \frac{150}{m}\,\frac{G-g}{G} = \frac{600\dfrac{D}{n}}{D^2} \quad \text{für } HF : hf = \sqrt{g} : \sqrt{g} = G^{\frac{1}{2}} = g^{\frac{1}{2}}$$

$$Mp = \frac{175}{m}\,\frac{G-g}{G} = \frac{700\dfrac{D}{n}}{D^2} \quad \text{für } HF : hf = \sqrt[4]{G^3} : \sqrt[4]{g^3} = G^{\frac{3}{4}} = g^{\frac{3}{4}}$$

$$Mp = \frac{200}{m}\,\frac{G-g}{G} = \frac{800\dfrac{D}{n}}{D^2} \quad \text{für } HF : hf = G : g.$$

Der erste Werth entspricht unveränderter Formhöhe und ist identisch mit dem Flächenzuwachsprocent; der letzte Werth, das doppelte des ersten, gilt näherungsweise für das Massenzuwachsprocent, wenn die Formhöhe im Verhältniß der Stammgrundfläche zunimmt; je nach der Größe der dazwischen liegenden Formhöhenveränderungen ist das Massenzuwachsprocent gleich dem $1\frac{1}{4}$, $1\frac{1}{2}$, $1\frac{3}{4}$ fachen des Flächen=

zuwachsprocents. Je mehr sich der Grenzfall für die Formhöhen=
veränderung nach oben verschiebt, desto größer wird der Spielraum
für den Factor, welcher nach Maßgabe der mittleren Formhöhen=
veränderung das zunächst ermittelte mittlere Flächenzuwachsprocent in
das mittlere Massenzuwachsprocent umwandelt; jedenfalls entscheidet
sein Einfluß wesentlich über die Größe des Massenzuwachsprocents.

Hier liegt der schwache Punkt der ganzen Methode, wie schon im
§ 7 dieser Schrift angedeutet ist. Mit einer Einschätzung läßt sich
eine zuverlässige Angabe der mittleren Formhöhenveränderung nicht
erreichen; eine sorgfältige Erhebung wird unabweislich. Diese erfordert
indessen keinen geringen Arbeitsaufwand und nöthigt auch dazu, eine
mehr oder weniger große Anzahl von Stämmen zu fällen.

Aus der Untersuchung dieser gefällten Stämme, deren Massen,
Querflächen in Meßhöhe und mittlere Formhöhe für Gegenwart und
Vergangenheit durch M_v und m_v, G_v und g_v, $H_v F_v$ und $h_v f_v$ be=
zeichnet seien, leitet sich der Factor $1 + e$ wie folgt her:

$$\text{Zunächst ergiebt sich aus } \frac{H_v F_v}{h_v f_v} = \left(\frac{G_v}{g_v}\right)^e$$

$$\log. H_v F_v - \log. h_v f_v = e (\log. G_v - \log. g_v)$$

$$e = \frac{\log. H_v F_v - \log. h_v f_v}{\log. G_v - \log. g_v}$$

$$1 + e = \frac{\log. G_v - \log. g_v + \log. H_v F_v - \log. h_v f_v}{\log. G_v - \log. g_v}$$

$$= \frac{\log. G_v H_v F_v - \log. g_v h_v f_v}{\log. G_v - \log. g_v}$$

$$= \frac{\log. M_v - \log. m_v}{\log. G_v - \log. g_v}.$$

Mithin wird aus:

$$Mp = \frac{100}{m} \frac{G - g}{G} (1 + e) = \frac{400 \frac{D}{n}}{D^2} (1 + e)$$

$$Mp = \frac{100}{m} \frac{G - g}{G} \frac{\log. M_v - \log. m_v}{\log. G_v - \log. g_v} = \frac{400 \frac{D}{n}}{D^2} \frac{\log. M_v - \log. m_v}{\log. G_v - \log. g_v}$$

Hält man diesem Verfahren entgegen die Genauigkeit und Sicherheit des Sectionsverfahrens, das in der einfachen Form

$$Mp = \frac{100}{m}\,\frac{G-g}{G} \quad \text{oder} \quad Mp = 400\,\frac{\frac{D}{n}}{D^2}$$

sich leicht handhaben läßt, so wird die Auffassung nicht unberechtigt erscheinen, daß sich letzteres Verfahren für alle Zuwachsermittlungen, die mehr als eine bloße Schätzung des Zuwachses zum Zwecke haben, bei weitem am meisten empfiehlt.

In den Schlußtabellen ist als Beispiel die Herleitung des Massenzuwachsprocents aus der Stammgrundfläche in Meßhöhe durchgeführt, unter Zugrundelegung der aus den wirklichen Massen und aus den Stammgrundflächen genau ermittelten Formhöhen= veränderung.

§ 13.

Das Zuwachsprocent eines gleichartigen Bestandes wird ohne Weiteres gefunden als das mittlere Zuwachsprocent einer Reihe von untersuchten Stämmen, sofern ihre Zahl eine bestimmte Grenze erreicht bezw. überschreitet. Nach den Untersuchungen von Borggreve und Michaelis*) ist anzunehmen, daß das Flächenzuwachsverhältniß für correspondirende Baumquerflächen eines gleichartigen Bestandes schon nach 20 bis 10 Untersuchungen als ein nahezu constantes ermittelt wird. Ist aus den an erforderlicher Stammzahl vorgenommenen Untersuchungen, welche sich im Sectionsverfahren auf die sämmtlichen Sectionsmittenflächen, bei stehenden Stämmen auf die Querflächen in Meßhöhe zu beziehen haben, das mittlere Flächenzuwachsprocent für die untersuchten Stämme gefunden, so gilt dasselbe auch ohne Weiteres für den ganzen Bestand; dann ist, um den Ausdruck für das Bestandsmassenzuwachsprocent zu erhalten, in den im § 11 und 12 dieser Schrift entwickelten Ausdrücken überall gleichzusetzen

$$\frac{G-g}{G} = \frac{BG - Bg}{BG},$$

---

*) Forstliche Blätter de 1884. Octoberheft.

wenn G und g die Querflächensummen der untersuchten Stämme, und BG und Bg die des ganzen Bestands am Anfang und Ende der Zuwachsperiode sind.

Bei den im § 8 und 11 erörterten Näherungsmethoden gilt zwar die vorstehende Gleichung direct nur für das Zuwachsverhältniß, welches sich an die Huber'sche Formel anlehnt, indem in dem Ausdrucke $Mp = \dfrac{100}{m} \dfrac{G_{mi} - g_{mi}}{G_{mi}}$ gesetzt werden kann: $\dfrac{G_{mi} - g_{mi}}{G_{mi}} = \dfrac{BG_{mi} - Bg_{mi}}{BG_{mi}}$, nicht aber für die Flächengruppen, welche der Riecke'schen und Hoßfeldt'schen Formel entsprechen.

Wenn hier auch

$$\frac{G_0 - g_0}{G_0} = \frac{BG_0 - Bg_0}{BG_0}$$

$$\frac{G_n - g_n}{G_n} = \frac{BG_n - Bg_n}{BG_n}$$

$$\frac{G_{mi} - g_{mi}}{G_{mi}} = \frac{BG_{mi} - Bg_{mi}}{BG_{mi}} \quad \text{und}$$

$$\frac{G - g}{G} = \frac{BG - Bg}{BG} \quad \text{ist,}$$

so folgen daraus noch nicht ohne Weiteres die Gleichungen

$$\frac{(G_0 + G_n + 4G_{mi}) - (g_0 + g_n + 4g_{mi})}{G_0 + G_n + 4G_{mi}}$$
$$= \frac{(BG_0 + BG_n + 4BG_{mi}) - (Bg_0 + Bg_n + 4Bg_{mi})}{BG_0 + BG_n + 4BG_{mi}}$$

und $\dfrac{(3G + G_n) - (3g + g_n)}{3G + G_n} = \dfrac{(3BG + BG_n) - (3Bg + Bg_n)}{3BG + BG_n}$.

Indessen läßt sich aus den am Schlusse angefügten Tabellen entnehmen, daß auch für diese Flächengruppen das Zuwachsverhältniß, welches aus der Untersuchung von etwa 20—10 Stämmen eines gleichartigen Bestands gewonnen ist, durch Hinzutreten neuer Stämme nicht mehr wesentlich geändert wird.

Für erheblich ungleichartige Bestände wird, wie nach der Tendenz dieser Schrift hier nur anzudeuten ist, eine Klassenbildung, am zweckmäßigsten nach Höhen=Abstufungen, stattzufinden haben, um sodann jede Klasse für sich so zu behandeln, wie vorher den gleich= artigen Bestand im Ganzen. — Bei dem Sectionsverfahren ergiebt sich der Mittelwerth für den ganzen Bestand alsdann auf sehr ein= fache Weise durch Einsetzen der sämmtlichen untersuchten Querflächen in die Formel:

$$Mp = \frac{100}{m} \; \frac{G - g}{G}.$$

Angewendet auf die Bestandsmasse M liefert das so gefundene Zuwachsprocent den absoluten Massenzuwachs des Bestandes in dem Ausdruck $Mp \; \dfrac{M}{100}$.

Bei den übrigen Methoden bleibt nur übrig, aus den für jede Klasse gefundenen Massenzuwachsprocenten und ihren Massen den absoluten Massenzuwachs für den ganzen Bestand zu berechnen.

In dem absoluten Massenzuwachs des Bestands erhält man die gegenwärtige Jahres=Production der Fläche und nach Division mit dieser die laufende Holzproduction der Flächeneinheit. Erst in diesem Endresultat erhalten wir eine richtige Vorstellung von der statt= findenden Zuwachsleistung. In einer Verhältnißzahl oder als Procent ausgedrückt, kann der Zuwachs als ein sehr hoher erscheinen, während die absolute Zuwachsgröße oder die Zuwachsleistung auf der Flächen= einheit eine nur geringe ist, wie z. B. in Beständen nach starker Durchlichtung. Ist also die Erhebung der Masse für die Fest= stellung der Zuwachsleistung nicht zu entbehren, so gehen zweckmäßig beide Arbeiten Hand in Hand. Dann zieht eine genaue Massen= ermittlung — z. B. nach dem Sectionsverfahren — auch eine genaue Zuwachsermittlung nach sich, wie sich umgekehrt eine mehr überschlägliche Berechnung der Masse ebenso bezüglich des Zuwachses verhalten kann.

§ 14.

Der Altersdurchschnittszuwachs eines Wald=Bestandes ermittelt sich als Quotient aus der Summe der gegenwärtigen Masse des Bestandes und der bereits genutzten Masse desselben, dividirt durch das gegenwärtige Alter. Der Maßstab für seine Größe ist die Production der Flächeneinheit. Hat man die Frage zu beantworten, wie sich der laufende Zuwachs zum Altersdurchschnittszuwachs verhält, so sind die nach Vorstehendem für die Flächeneinheit berechneten absoluten Größen vergleichend gegenüberzustellen. In dem Aus=druck $Mp \gtrless \dfrac{100}{A}$ (§ 10 dieser Schrift) ist dagegen der Alters=durchschnittsproduction Dz nur die gegenwärtig vorhandene Masse M zu Grunde gelegt und danach $Dz = \dfrac{M}{A}$ angenommen; die Ver=gleichung von laufendem Zuwachs und Altersdurchschnittszuwachs führt dann zu der Bedingungsgleichung

$$\frac{M}{100} Mp \gtrless \frac{M}{A}$$

oder

$$Mp \gtrless \frac{100}{A} .$$

Wir erfahren hierdurch nur, wie sich laufender Zuwachs und Durchschnittszuwachs gegenseitig verhält für die jeweilig vorhandenen Stämme, nicht aber, worauf es ankommt, welche Jahresproduction die Fläche gegenwärtig aufzuweisen, und was sie seit Begründung des auf ihr stockenden Bestandes im Durchschnitt der Jahre des Bestands=alters hervorgebracht hat. Die für den Altersdurchschnittszuwachs erheblich ins Gewicht fallenden Vornutzungen und die schon bezogenen Hauptnutzungserträge läßt jene Formel unberücksichtigt; es wird daher dem laufenden Zuwachs eine viel zu kleine Größe als Alters=durchschnittszuwachs gegenübergestellt. Kommt nun noch hinzu, daß in einem durchlichteten Bestande der Lichtungszuwachs grade sich geltend macht, so muß in der Regel der laufende Zuwachs den Alters=

durchſchnittszuwachs, welcher lediglich nach der vorhandenen Maſſe berechnet wird, erheblich übertreffen, während das richtige Verhältniß, wenigſtens in ſtark durchlichteten Beſtänden, meiſt das umgekehrte ſein wird.

Will man die Form $Mp \gtreqqless \frac{100}{A}$ beibehalten für die Zwecke einer überſchläglichen Vergleichung der laufenden Production und der Altersdurchſchnittsproduction eines Beſtandes, ſo muß darin die Zuwachsleiſtung der Fläche zum Ausdruck kommen. Sind die bis= herigen Erträge der Fläche bekannt, ſo hat man nur die Quote v auszurechnen, welche davon auf 100 Feſtmeter der gegenwärtig auf der Fläche vorhandenen Maſſe entfällt; $\frac{100 + v}{A}$ giebt alsdann den richtigen Altersdurchſchnittszuwachs. Allein nur in ſeltenen Fällen werden die Zahlen über die ſeitherige Nutzung zu Gebote ſtehen. Als Auskunftsmittel kann der Beſtockungsfactor Bf herangezogen werden. Auch Borggreve räth in ſeiner Forſtabſchätzung (Seite 84) dieſen Weg an. Mit der Einführung des Vollbeſtandsfactors nimmt übrigens die Formel ſchon mehr die für ſie in Anſpruch genommene Eigenſchaft einer Umtriebsformel an. Allgemeine Geltung als ſolche konnte ſie, ſelbſt wenn man zunächſt von der Nichtberückſichtigung der Vornutzungserträge ganz abſieht, nicht beanſpruchen, ſo lange ſie nur paßte für den meiſt nicht zutreffenden Fall, daß die Fläche voll beſtanden iſt; denn keinenfalls dürfte es die Regel bilden, daß in haubaren oder annähernd haubaren Beſtänden noch die volle Maſſe der Hauptnutzung vorhanden iſt. Die obige Formel iſt demnach, mag ſie ſich auch der Weiterentwickelung zur Gewinnung einer Umtriebsformel fähig erweiſen, in ihrer bisherigen Form nichts weniger als eine ſolche.

$\frac{M}{Bf}$ giebt die Maſſe des Vollbeſtandes, erfaßt alſo die etwa ſchon bezogenen Hauptnutzungserträge. Die Vornutzungen können nach dem Vorgange Preßler's in einem Procentſatze p der Vollbeſtands= maſſe zum Ausdruck gelangen. Alsdann iſt der volle Alters= durchſchnittszuwachs

$$Dz = \left(\frac{M}{Bf} + \frac{M}{Bf} \cdot 0,0p\right) : A$$

$$= \frac{M \cdot 1,0p}{Bf \cdot A}.$$

Laufender Zuwachs
$$Lz = \frac{M}{100} Mp$$

$$\frac{M}{100} Mp \gtreqless \frac{M \cdot 1,0p}{A \cdot Bf}$$

$$Mp \gtreqless \frac{100 \cdot 1,0p}{A \cdot Bf}.$$

Hat man den laufenden Zuwachs Mp nur fürs Derbholz ermittelt, so ist, wie selbstverständlich, auf der anderen Seite der Gleichung im Durchschnittszuwachs ebenfalls nur das Derbholz der Vornutzungserträge in Rechnung zu stellen.

Beschränkt man die Anwendung der Formel auf den oben normirten Umfang, so genügt es, Bf anzusprechen, während p nach den wirklich erfolgten Vornutzungserträgen oder gegebenen Falls nach Erfahrungssätzen bewerthet wird.

Giebt man schließlich dem Ausdrucke die Gestalt

$$\frac{MpBf}{1,0p} \gtreqless \frac{100}{A},$$

so lehrt diese Form, daß das gegenwärtige Massenzuwachsprocent mit $\frac{Bf}{1,0p}$ reducirt werden muß, um als Altersdurchschnittszuwachs $\frac{100}{A}$ zur Vergleichung ziehen zu können. Aendert sich nun die Formhöhe nicht wesentlich, wie für haubare Bestände angenommen werden kann, setzt man demnach Mp = Fp*), und drückt man das Flächenzuwachsprocent nach der Schneider'schen Formel aus, so erhält man:

$$\frac{400}{nD} \frac{Bf}{1,0p} \gtreqless \frac{100}{A}$$

$$\frac{4}{nD} \times \frac{Bf}{1,0p} \gtreqless \frac{1}{A}.$$

*) Bei abnehmender Formhöhe müßte Mp als Bruchtheil von Fp in Rechnung gestellt werden.

sc— 47 —

Selbst wenn man unterstellt, die Fläche sei noch vollbestanden, also Bf = 1, so setzt die Form $\frac{4}{nD} \gtrless \frac{1}{A}$ oder $\frac{4A}{n} \gtrless D$ keineswegs den laufenden und Altersdurchschnittszuwachs in das richtige Verhältniß, vielmehr erfährt, wie obiger Ausdruck zeigt, der Factor 4 noch eine wesentliche Reduction auf $\frac{4}{1,0p}$, in welchem Quotienten erst die Vorerträge zur Geltung kommen.

Das Abtriebsalter der durchschnittlich höchsten jährlichen Massenerzeugung kann dadurch wesentlich beeinflußt werden. Beispielsweise für Mp = Fp = 1,3%, A = 100, Bf = 0,8 und p = 20% ist ohne Berücksichtigung des Bestockungsfactors Bf und des Vornutzungsprocents p gegenüberzustellen:

$$Lz \ (\text{für } M = 100) = 1,3 \text{ fm}$$
$$Dz \ (\text{für } M = 100) = \frac{100}{100} = 1 \text{ fm},$$

wonach der laufende Zuwachs Lz wesentlich höher steht als der Altersdurchschnittszuwachs Dz. Dagegen ergeben sich unter Berücksichtigung von Bf und p als Vergleichsgrößen:

$$Lz : Dz = \frac{1,3 \times 0,8}{1,2} : \frac{100}{100}$$
$$= 9 : 10$$

in Worten: Der laufende Zuwachs ist kleiner als der Altersdurchschnittszuwachs; das gesuchte Abtriebsalter liegt demnach unter 100 Jahren und ist bereits überschritten.

§ 15.

Die Schlußbetrachtung gehört der Erörterung, welches die für einzelne Fälle der Praxis besonders angezeigten Zuwachsmethoden und Formeln sind.

Zuwachsuntersuchungen, auf welche sich weittragende Wirthschaftsbestimmungen gründen, bedürfen der genauesten Methode, des Sectionsverfahrens. Hierher gehört die Bestimmung des Umtriebes, sofern dessen Grenze nach unten hin in demjenigen Bestandsalter gesucht wird, bei welchem die Jahresproduktion der Flächeneinheit noch der Durchschnittsproduktion gleichkommt. Grade der Umstand, daß dieses Stadium des Gleichgewichts lange anhält, erfordert eine subtile Untersuchung. Ferner ist der bei Betriebseinrichtungen erforderlichen Zuwachsaufrechnung zu gedenken, welche wohl die häufigste Veranlassung zu Zuwachsuntersuchungen bieten mag. Massenermittlungen und Zuwachsermittlungen müssen hier Hand in Hand gehen. Für beide sei in erster Linie das Sektionsverfahren mit alleiniger Berücksichtigung des Derbholzes, sodann auch eine der erörterten Methoden für liegende Stämme, namentlich das Mittenquerflächenverfahren empfohlen. Glaubt man von demselben absehen und sich auch bei der Massenermittlung lediglich auf die Baumquerfläche in Meßhöhe stehender Stämme beschränken zu sollen, so dehne man auch die Zuwachsuntersuchung nicht weiter aus, untersuche aber mit besonderer Sorgfalt die Formhöhenveränderung des Bestandes innerhalb der Zuwachsperiode. Kann man diese Sorgfalt aus irgendwelchen Gründen nicht anwenden, so lasse man jene Veränderung gänzlich unberücksichtigt und setze kurzweg:

$$Mp = Fp = \frac{100}{m} \frac{G - g}{G}.$$

Dieses Verfahren rechtfertigt sich außerdem bei der Preußischen Taxation aus dem hier geltenden Grundsatze, der Zuwachsaufrechnung nur mäßige Sätze zu Grunde zu legen. Denn abgesehen von den seltenen Fällen, in welchen die Formhöhe nennenswerth sinkt, giebt die vorstehende Formel in dem Zuwachsprocent der Querfläche in Meßhöhe das Minimum der Massenzuwachsleistung an. Soweit die Zuwachsaufrechnung haubare Bestände betrifft, in welchen eine namhafte Zunahme der Formhöhe nicht mehr stattfindet, sind so wie so größere Differenzen zwischen der berechneten und wirklichen Zuwachsleistung ausgeschlossen.

Bei den Entwickelungen im dritten Abschnitt dieser Schrift ist der relative Zuwachs resp. das Zuwachsprocent überall in Bezug auf die gegenwärtige Masse M betrachtet nach der Formel: $Mp = \frac{100}{m} \frac{M - m}{M}$. Für die Praxis ist diese Formel bei weitem vorzuziehen den anderen Ausdrucksweisen des relativen Zuwachses, nämlich,

$$Mp = \frac{100}{m}\frac{M-m}{\frac{M+m}{2}} = \frac{200}{m}\frac{M-m}{M+m}$$

und

$$Mp = \frac{100}{m}\frac{M-m}{m}.$$

Das Gleiche gilt natürlich auch von den Flächenprocent=Formeln, auf welchen sich die Massenprocent=Formeln aufbauen:

$$Fp = \frac{100}{m}\frac{G-g}{G}$$

und

$$Fp = \frac{100}{m}\frac{G-g}{\frac{G+g}{2}} = \frac{200}{m}\frac{G-g}{G+g}$$

und

$$Fp = \frac{100}{m}\frac{G-g}{G}.$$

Faßt man die Anwendung, welche diese Procentformeln erfahren, näher ins Auge, so liegt dieselbe namentlich in zwei Richtungen: Nämlich erstens: Herleitung des absoluten Gesammt=Massenzuwachses bezw. Querflächenzuwachses aus dem mit der Procentformel an einer beschränkten Zahl von Stämmen ermittelten Procente und aus der Gesammtmasse bezw. Gesammtquerfläche, sodann zweitens: Gegen=überstellung der laufenden Production und der Altersdurchschnitts=production.

Berücksichtigt man, daß nur die Gesammtmasse der Gegenwart Sa. (M) bezw. die gegenwärtige Gesammtfläche Sa. (G) durch Messung ohne Weiteres ermittelt werden kann, nicht aber Sa. $\left(\frac{M+m}{2}\right)$ bezw. Sa. $\left(\frac{G+g}{2}\right)$, oder Sa. (m) bezw. Sa. (g), so kann nur der Quotient $\frac{Sa. (M)}{M}$ bezw. $\frac{Sa. (G)}{G}$, dagegen nicht

$$\frac{Sa. (M+m)}{M+m} \text{ oder } \frac{Sa. (m)}{m},$$

bezw.
$$\frac{Sa.\,(G+g)}{G+g} \quad \text{oder} \quad \frac{Sa.\,(g)}{g}$$

Verwendung finden zur Herleitung des absoluten Gesammt=Massen=zuwachses MZ bezw. Gesammt=Querflächenzuwachses FZ.

Der Werth für den Gesammtzuwachs ergiebt sich demnach nur vermittelst folgender Ansätze:

$$1)\quad MZ : \left(Mp\,\frac{M}{100}\right) = Sa.\,(M) : M$$

$$MZ = \frac{Mp}{100}\,\frac{M\,Sa.(M)}{M} = \frac{Mp}{100}\,Sa.\,(M)$$

$$2)\quad MZ : \left(Mp\,\frac{M+m}{200}\right) = Sa.\,(M) : M$$

$$MZ = \frac{Mp}{100}\,\frac{(M+m)\,Sa.(M)}{2M}$$

$$3)\quad MZ : \left(Mp\,\frac{m}{100}\right) = Sa.\,(M) : M$$

$$MZ = \frac{Mp}{100}\,\frac{m\,Sa.(M)}{M}.$$

Ebenso für den absoluten Gesammtquerflächenzuwachs:

$$1)\quad FZ = \frac{Fp}{100}\,Sa.\,(G)$$

$$2)\quad FZ = \frac{Fp}{100}\,\frac{(G+g)\,Sa.(G)}{2G}$$

$$3)\quad FZ = \frac{Fp}{100}\,\frac{g\,Sa.(G)}{G}.$$

Der Ausdruck ad 1, welchem das auf M bezw. G bezogene Zuwachsprocent zu Grunde liegt, ist wesentlich einfacher, wie diejenigen ad 2 und 3.

Was nun zweitens die Vergleichung des laufenden Zuwachses Lz mit dem Durchschnittszuwachs Dz angeht, so sind je nach der Ausdrucksweise des Zuwachsprocents folgende Proportionen anzusetzen:

$$1)\quad Lz : Dz = \left(Mp\,\frac{M}{100}\right) : \frac{M}{A} = Mp : \frac{100}{A}$$

$$2)\quad Lz : Dz = \left(Mp\, \frac{M+m}{200}\right) : \frac{M+m}{2A} = Mp : \frac{100}{A}$$

$$3)\quad Lz : Dz = \left(Mp\, \frac{m}{100}\right) : \frac{m}{A} = Mp : \frac{100}{A}$$

oder für den Flächenzuwachs:

$$1)\quad Lz : Dz = \left(Fp\, \frac{G}{100}\right) : \frac{G}{A} = Fp : \frac{100}{A}$$

$$2)\quad Lz : Dz = \left(Fp\, \frac{G+g}{200}\right) : \frac{G+g}{2A} = Fp : \frac{100}{A}$$

$$3)\quad Lz : Dz = \left(Fp\, \frac{g}{100}\right) : \frac{g}{A} = Fp : \frac{100}{A}.$$

Offenbar muß im vierten Gliede der Proportionen das Baum=
alter A verschieden groß erscheinen, nämlich bezogen auf die ver=
schiedenen Jahre, welchen die Masse M, $\frac{M+m}{2}$ und m, bezw. die
Querfläche G, $\frac{G+g}{2}$ und g entspricht. Das Baumalter, in dem die
Masse $\frac{M+m}{2}$ bezw. die Fläche $\frac{G+g}{2}$ vorhanden ist, in die Mitte
der Zuwachsperiode zu verlegen, bedeutet immer eine Willkürlichkeit,
welche die Proportionen 1 und 3 umgehen lassen, da ad 3 A gleich
dem Baumalter am Anfang der Zuwachsperiode, ad 1 gleich dem=
jenigen am Ende derselben ist. Praktisch verwerthbar bleibt indessen
nur die Proportion ad 1, sofern die mit ihr zu beantwortende Frage
lautet: Wie stellt sich die laufende Production zur Altersdurchschnitts=
production in Beziehung auf die Gegenwart.

Nach den beiden erörterten Richtungen hin gestaltet sich also die
Anwendung derjenigen Procentformel, welche den laufenden Zuwachs
ins Verhältniß zu M resp. G setzt, am einfachsten und correctesten.

Ihr entspricht als Näherungsformel die Schneider'sche Formel.
Da dieselbe mit der im ersten Abschnitt dieser Schrift entwickelten
Correction $\left(-\frac{m}{400}\, p^2\right)$ den relativen Zuwachs auch hinreichend genau
angiebt, so verdient sie nach dem Gesagten zweifellos den Vorzug vor

4*

— 52 —

anders gebildeten Näherungsformeln z. B. der Preßler'schen*), zumal sie die Erhebung des Procents selbst auf die einfachste Weise ermöglicht.

---

*) Für die Preßler'sche Näherungsformel an sich spricht außerordentlich ihr Genauigkeitsgrad; die Abweichung des Näherungswerthes von dem genauen Flächenzuwachsprocent betrug z. B. für $p = 5\%$ nur 0,08, wie im § 6 dieser Schrift nachgewiesen ist. Der Fehler, welcher dem mit der Näherungsformel gefundenen Procent p anhaftet, war hier ermittelt zu $\frac{m^2 p^3}{400^2 + m^3 p^2}$ oder näherungsweise $\frac{m^2 p^3}{400^2}$ (i. W.: Für gleiche Zuwachsperioden sind die Fehler proportional den Cuben der gefundenen Procente).

Bemerkungen zu den Tabellen.

Die Tabellen enthalten die Resultate der Zuwachs-Untersuchung an 35 liegenden Stämmen, welche aus einem zum Abtrieb gelangten 70jährigen Fichtenbestande beliebig ausgewählt sind. Die Untersuchung erstreckt sich auf die letzten 10 Jahre und beschränkt sich auf das gegenwärtige Derbholz. Die Länge der Sectionen beträgt 2 Meter; das über grade Meterlängen überschießende Stammende ist unberücksichtigt geblieben. Den 3 Stammgruppen sind ganz willkürlich je 12 bezw. 11 Stämme zugewiesen; durch verschiedene Zusammenstellung der einzelnen Gruppen erhält man eine in den einzelnen Gliedern wechselnde Mehrheit von 24 bezw. 23 Stämmen. (Tafel IVa u. IVb.) Aus den Schlußzusammenstellungen der Tabelle IVa ist Folgendes hervorzuheben:

I. Sectionsverfahren. Zu § 11 und 13.

$$\mathrm{Mp} = \frac{100}{m}\,\frac{G - g}{G}$$ oder für eine Zuwachsperiode von $m = 10$ Jahren:

$$\mathrm{Mp} = 10\,\frac{G - g}{G}.$$

Setzt man die Werthe für $\frac{G - g}{G}$ aus Spalte 14 ein, so erhält man:

1. für 3 Gruppen zusammen (A) $\mathrm{Mp} = 1{,}96\,\%$
2. „ je 2 „ „ (B) „ $= 1{,}93$ „
3. „ „ „ „ „ (C) „ $= 2{,}00$ „
4. „ „ „ „ „ (D) „ $= 1{,}96$ „

Das mittlere Zuwachsprocent nach der Untersuchung von sämmtlichen 35 Stämmen ist also 1,96 %. Beschränkt man sich auf 24 bezw. 23 Stämme, so erzielt man ein von dem ersten kaum abweichendes Resultat. Die größte Differenz ist 0,04.

II. Näherungsmethoden für Untersuchung liegender Stämme. Zu § 11 und 13.

a) nach Maßgabe der Huber'schen Formel

(Mittenquerfläche des Stammes G_{mt} und g_{mt}) $\mathrm{Mp} = \dfrac{100}{m} \dfrac{G_{mt} - g_{mi}}{G_{mi}}$.

Für eine Zuwachsperiode von $m = 10$ Jahren und für die Werthe in Spalte 15 ergiebt sich:

1. für alle 3 Gruppen zusammen (A) $\mathrm{Mp} = 1{,}91\,\%$
2. „ je 2 „ „ (B) „ $= 1{,}92$ „
3. „ „ „ „ „ (C) „ $= 1{,}92$ „
4. „ „ „ „ „ (D) „ $= 1{,}89$ „

Zunächst erhellt hieraus wieder, daß die Untersuchung von einigen 20 Stämmen fast genau dasselbe Ergebniß liefert, wie die Untersuchung sämmtlicher Stämme. Sodann geht aus der Vergleichung mit dem genaueren Sectionsverfahren hervor, daß das Resultat ein durchaus brauchbares, und mithin der Einfluß der Formhöhe nur ein unbedeutender ist; richtig war im Sectionsverfahren gefunden $\mathrm{Mp} = 1{,}96\,\%$, die größte Differenz hiergegen beträgt 0,07.

b) Nach Maßgabe der Riecke'schen Formel: (untere Abschnittsfläche des Stammes G_0 und g_0, plus oberer Abschnittsfläche G_n und g_n, plus der 4 fachen Mittenquerfläche G_{mt} und g_{mi})

$$\mathrm{Mp} = \frac{100}{m} \frac{(G_0 + G_n + 4G_{mt}) - (g_0 + g_n + 4g_{mi})}{G_0 + G_n + 4G_{mi}}.$$

Der Einfachheit wegen bleibt bei der folgenden Ausrechnung das unterste und oberste 1 Meterstück unberücksichtigt, so daß Anfangsbezw. Endfläche des Stammes mit der ersten bezw. letzten Sectionsmittenfläche zusammenfallen; danach sind einzusetzen die Werthe aus Spalte 2 und 17, sowie das 4 fache aus Spalte 15:

1. für alle 3 Gruppen (A)

$$\mathrm{Mp} = \frac{100}{10} \frac{(21717 + 3104 + 4 \times 11458) - (18567 + 1421 + 4 \times 9266)}{21717 + 3104 + 4 \times 11458}$$
$$= 1{,}93\,\%$$

2. für je 2 Gruppen (B) $\mathrm{Mp} = 1{,}91$ „
3. „ „ „ „ (C) „ $= 1{,}97$ „
4. „ „ „ „ (D) „ $= 1{,}90$ „

Bezüglich des Genauigkeitsgrades ist hier dasselbe wie unter a zu bemerken; die größte Differenz gegen den genauen Werth von $\mathrm{Mp} = 1{,}96\,\%$ beträgt $0{,}06$.

c) Nach Maßgabe der Hoßfeldt'schen Formel: (Endfläche des Stammes G_n und g_n plus 3facher Querfläche in $\frac{1}{3}$ der Stamm=länge: $3\mathfrak{G}$ und $3g$)

$$\mathrm{Mp} = \frac{100}{m}\; \frac{(G_n + 3\mathfrak{G}) - (g_n + 3g)}{G_n + 3\mathfrak{G}}.$$

Auch hier bleibt das unterste und oberste 1 Meterstück des Stammes unberücksichtigt. Danach sind einzusetzen die Werthe aus Spalte 17 und 16:

1. für alle 3 Gruppen zusammen (A) $\mathrm{Mp} = 1{,}91\,\%$
2. „ je 2 „ „ (B) „ $= 1{,}84$ „
3. „ „ „ „ „ (C) „ $= 1{,}95$ „
4. „ „ „ „ „ (D) „ $= 1{,}96$ „

III. Näherungsmethode für Untersuchung stehender Stämme nach Maßgabe der Baumquerfläche in Meßhöhe.
Zu § 12 und 13.

Läßt man die Formhöhenveränderung ganz außer Acht, identificirt man also Massenzuwachs= und Flächenzuwachs=Procent, so erhält man nach dem Werthe in Spalte 2 aus $\mathrm{Mp} = \dfrac{100}{m}\dfrac{G - g}{G}$

1. für sämmtliche 3 Gruppen (A) $\mathrm{Mp} = 1{,}45\,\%$
2. „ je 2 Gruppen (B) „ $= 1{,}41$ „
3. „ „ „ „ (C) „ $= 1{,}53$ „
4. „ „ „ „ (D) „ $= 1{,}41$ „

Das Procent von je 2 Gruppen variirt nicht sehr bedeutend mit demjenigen der sämmtlichen 3 Gruppen, in maximo um $0{,}08\,\%$. Wohl aber ist die Differenz gegen das richtige Zuwachsprocent, welches oben zu $1{,}96\,\%$ ermittelt ist, mit rot. $0{,}5$ bedeutend genug, um die Vernachlässigung der Formhöhenveränderung nicht zulässig erscheinen zu lassen.

Berücksichtigt man die letztere nach der Näherungsformel

$$Mp = \frac{100}{m} \frac{G-g}{G} (1+c) \text{ oder}$$

$$= \frac{100}{m} \frac{G-g}{G} \frac{(\log. M - \log. m)}{\log. G - \log. g} \quad (\S\ 12)$$

und rechnet zunächst den logarithmischen Ausdruck aus, so hat man für M und m die Werthe aus Spalte 14, für G und g diejenigen aus Spalte 2 einzusetzen:

1. für alle 3 Gruppen zusammen (A) $\dfrac{\log. M - \log. m}{\log. G - \log. g}$ = 1,39

2. „ je 2 „ „ (B) „ = 1,41
3. „ „ „ „ „ (C) „ = 1,35
4. „ „ „ „ „ (D) „ = 1,43

Multiplicirt man nun mit diesen Zahlen das entsprechende, oben berechnete Flächenzuwachsprocent, so wird

ad 1. $Mp = 2{,}02\ \%$
„ 2. „ $= 1{,}99$ „
„ 3. „ $= 2{,}07$ „
„ 4. „ $= 2{,}02$ „

Vorstehende Werthe sind gegen das richtige $Mp = 1{,}96$ sämmtlich etwas zu groß gefunden, in maximo um 0,06, was darin seinen Grund hat, daß die vorstehende Formel die Formhöhenveränderung nur näherungsweise zur Geltung bringt.

Betrachtet man nun schließlich die einzelnen Gruppen für sich, so zeigt ein Blick auf die Tafeln I/IV, daß das Flächenzuwachsverhältniß der correspondirenden Baumquerflächen für jede der 3 Gruppen einigermaßen nahe kommt demjenigen aller 3 Gruppen zusammen. Es würde deshalb im vorliegenden Falle die Untersuchung von ca. 11—12 beliebig ausgewählten Stämmen genügt haben, um für mittlere Flächenzuwachsprocente Näherungswerthe zu erhalten. Endlich ist in gleicher Weise wie vorher das Massenzuwachsprocent für die einzelnen Gruppen ermittelt, und sämmtliche Resultate sind behufs Vergleichung mit einander hierunter zusammengestellt. Auch diese Vergleichung ergiebt, daß die Untersuchung nur einer Gruppe von 11—12 Stämmen einen ziemlichen Genauigkeitsgrad in Anspruch nehmen darf.

Bezeichnung der Methode	Zuwachsprocent						
	für alle 3 Gruppen zusammen (A)	für je 2 Gruppen zusammen (B)	für je 2 Gruppen zusammen (C)	für je 2 Gruppen zusammen (D)	für nur 1 Gruppe (I)	für nur 1 Gruppe (II)	für nur 1 Gruppe (III)
Sectionsverfahren	1,96	1,93	2,00	1,96	1,97	1,89	2,04
Näherungsmethode nach Maßgabe der Huber'schen Formel	1,91	1,92	1,92	1,89	1,94	1,89	1,90
Näherungsmethode nach Maßgabe der Riecke'schen Formel	1,93	1,91	1,97	1,90	1,96	1,85	1,97
Näherungsmethode nach Maßgabe der Hoßfeldt'schen Formel	1,91	1,84	1,95	1,96	1,84	1,85	2,08
Näherungsmethode nach Maßgabe der Baumquerflächen in Meßhöhe unter Berücksichtigung der Formhöhenveränderung	2,02	1,99	2,07	2,02	2,02	1,95	2,10
wie vor ohne Berücksichtigung der Formhöhenveränderung .	1,45	1,41	1,53	1,41	1,52	1,30	1,54

Erste Stammgruppe.　　　　　　**Tabelle I.**

1.	2.	3.	4.	5.	6.	7.	8.	9.	10.	11.	12.	13.	14.	15.	16.	17.
Stamm-Nr.	Mittenquerflächen												Summa der Sections-querflächen	Querfläche in der Stammesmitte	Querfläche in ⅓ der Stammlänge	Mittenquerfläche der letzten Section
	Section I.	Section II.	Section III.	Section IV.	Section V.	Section VI.	Section VII.	Section VIII.	Section IX.	Section X.	Section XI.	Section XII.				
	qcm	qcm	qcm	qcm	qcm	qcm	qcm	qcm	qcm	qcm	qcm	qcm	qcm	qcm	qcm	qcm
	G Gegenwärtige Baumquerfläche.															
1	511	415	380	363	330	284	241	214	177	133	79	—	3127	284	352	79
2	269	165	154	133	123	95	57	—	—	—	—	—	996	133	154	57
3	434	330	314	284	241	214	165	113	64	—	—	—	2159	241	294	64
4	531	471	415	415	363	330	299	254	201	154	95	—	3528	330	398	95
5	779	552	511	471	434	398	346	284	227	165	95	—	4262	398	459	95
6	434	330	284	254	227	201	165	143	104	50	—	—	2192	214	254	50
7	594	552	531	491	434	380	314	269	201	123	79	—	3968	380	472	79
8	1419	962	935	855	779	731	638	573	491	380	299	201	8263	707	804	201
9	638	452	398	363	314	254	189	133	87	—	—	—	2828	314	339	87
10	755	616	573	531	491	452	415	346	284	201	123	—	4787	452	518	123
11	594	452	434	363	314	269	214	154	95	—	—	—	2889	314	386	95
12	908	616	573	511	434	380	314	241	177	113	—	—	4267	407	511	113
Sa. I (G)	7866	5913	5502	5034	4484	3988	3357	2724	2108	1319	770	201	43266	4174	4941	1139

g Baumquerfläche am Anfang der Zuwachsperiode.

1. Stamm-Nr.	2. I.	3. II.	4. III.	5. IV.	6. V.	7. VI.	8. VII.	9. VIII.	10. IX.	11. X.	12. XI.	13. XII.	14. Summa der Sections-querflächen	15. Querfläche in der Stammesmitte	16. Querfläche in 1/3 der Stammlänge	17. Mittenquerfläche der letzten Section
	qcm	qcm	qcm	qcm	qcm	qcm	qcm	qcm	qcm	qcm	qcm	qcm	qcm	qcm	qcm	qcm
1	423	366	333	320	294	241	196	170	131	87	48	—	2599	241	308	48
2	243	147	139	117	106	77	37	—	—	—	—	—	866	117	139	37
3	373	269	257	238	199	170	117	60	20	—	61	—	1703	199	244	20
4	426	380	333	350	305	278	246	219	170	121	—	—	2889	278	335	61
5	674	475	437	391	373	327	281	204	145	95	43	—	3445	327	385	43
6	373	284	235	201	177	154	106	90	59	14	—	—	1693	165	201	14
7	531	499	471	430	373	317	249	209	154	71	35	—	3339	317	411	35
8	1288	860	830	774	702	638	543	471	394	281	194	111	7086	607	726	111
9	552	366	324	290	243	181	129	64	26	—	—	—	2175	243	301	26
10	620	491	437	405	377	356	314	246	181	93	55	—	3575	356	396	55
11	475	373	346	290	243	211	143	95	46	—	—	—	2222	243	308	46
12	693	452	441	408	333	281	219	165	106	46	—	—	3144	269	408	46
Sa. I (g)	6671	4962	4583	4214	3715	3231	2580	1993	1432	808	436	111	34736	3362	4162	542
Sa. I (G—g)	1195	951	919	820	769	757	777	731	676	511	334	90	8530	812	779	596
Sa. I (G—g)/Sa. I (G)	0,152	0,161	0,167	0,163	0,171	0,190	0,231	0,269	0,321	0,387	0,434	0,448	0,197	0,195	0,158	0,524

Zweite Stammgruppe.

Tabelle II.

G Gegenwärtige Baumquerfläche.

1.	2.	3.	4.	5.	6.	7.	8.	9.	10.	11.	12.	13.	14.	15.	16.	17.
Stamm-Nr.	Mittenquerflächen													Summa der Sections-querflächen	Querfläche in der Stammesmitte	Querfläche in ⅓ der Stammlänge	Mittenquerfläche der letzten Section
	Section I	Section II	Section III	Section IV	Section V	Section VI	Section VII	Section VIII	Section IX	Section X	Section XI	Section XII				
	qcm	qcm	qcm	qcm	qcm	qcm	qcm	qcm	qcm	qcm	qcm	qcm	qcm	qcm	qcm	qcm
13	616	511	471	434	398	346	284	227	143	95	—	—	3525	346	434	95
14	491	314	299	269	241	214	189	143	104	—	—	—	2264	241	279	104
15	552	330	314	299	269	227	214	143	104	95	—	—	2452	269	304	104
16	491	434	398	363	330	284	227	201	154	95	—	—	2977	284	363	95
17	594	380	330	284	284	254	201	154	113	79	—	—	2673	269	284	79
18	299	189	165	154	133	104	79	44	—	—	—	—	1167	154	161	44
19	830	683	660	594	531	471	398	330	254	177	87	—	5015	471	573	87
20	1134	683	616	594	573	573	491	308	314	227	143	64	5810	552	580	64
21	434	284	241	227	201	189	154	123	87	64	—	—	2004	189	227	64
22	779	661	594	573	511	471	415	346	284	201	101	—	4939	471	552	104
23	804	594	531	491	471	452	398	346	299	254	177	87	4904	434	477	87
24	511	314	284	254	227	201	165	104	50	—	—	—	2110	227	264	50
Sa. II (G)	7535	5377	4903	4536	4169	3786	3215	2559	1906	1192	511	151	39840	3907	4498	977

g Baumquerfläche am Anfang der Zuwachsperiode.

1.	2.	3.	4.	5.	6.	7.	8.	9.	10.	11.	12.	13.	14.	15.	16.	17.
				Mittenquerflächen									Summa der Sections-querflächen	Querfläche in der Stammesmitte	Querfläche in $\frac{1}{3}$ der Stammlänge	Mittenquerfläche der letzten Section
Stamm-Nr.	Section I	Section II	Section III	Section IV	Section V	Section VI	Section VII	Section VIII	Section IX	Section X	Section XI	Section XII				
	qcm	qcm	qcm	qcm	qcm	qcm	qcm	qcm	qcm	qcm	qcm	qcm	qcm	qcm	qcm	qcm
13	581	464	437	401	356	305	243	194	109	64	—	—	3154	330	401	64
14	377	227	216	190	165	135	107	63	26	—	—	—	1506	165	198	26
15	519	311	296	275	241	206	194	119	75	—	—	—	2236	241	282	75
16	377	296	278	266	238	196	147	121	55	24	—	—	1998	216	266	24
17	437	287	254	214	214	195	141	100	59	38	—	—	1939	189	214	38
18	280	152	133	121	100	79	52	22	—	—	—	—	939	113	129	22
19	745	598	585	527	464	391	320	257	189	104	40	—	4220	391	506	40
20	984	573	507	475	460	460	353	284	196	125	49	15	4481	415	465	15
21	405	257	212	204	177	157	129	99	63	36	—	—	1739	163	204	36
22	707	594	547	515	456	412	350	287	222	145	57	—	4292	412	495	57
23	697	511	453	412	405	387	340	293	249	196	131	48	4122	349	408	48
24	445	272	235	201	184	156	123	65	12	12	—	—	1693	184	213	12
Sa. II (g)	6554	4542	4153	3801	3460	3079	2499	1904	1255	732	277	63	32319	3168	3781	457
Sa. II (G—g)	981	835	750	735	709	707	716	655	651	460	234	88	7521	739	717	520
$\frac{\text{Sa. II (G—g)}}{\text{Sa. II (G)}}$	0,130	0,155	0,153	0,162	0,170	0,187	0,223	0,256	0,342	0,386	0,458	0,583	0,189	0,189	0,159	0,532

Dritte Stammgruppe.

Tabelle III.

G Gegenwärtige Baumquerfläche. — Mittenquerflächen.

1.	2.	3.	4.	5.	6.	7.	8.	9.	10.	11.	12.	13.	14.	15.	16.	17.
Stamm-Nr.	Section I. qcm	Section II. qcm	Section III. qcm	Section IV. qcm	Section V. qcm	Section VI. qcm	Section VII. qcm	Section VIII. qcm	Section IX. qcm	Section X. qcm	Section XI. qcm	Section XII. qcm	Summa der Sections-querflächen qcm	Querfläche in der Stammesmitte qcm	Querfläche in ⅓ der Stammlänge qcm	Mittenquerfläche der letzten Section qcm
25	683	593	531	491	452	380	330	254	189	123	—	—	4026	415	491	123
26	434	299	269	254	227	189	143	95	64	—	—	—	1974	227	259	64
27	683	471	415	380	314	269	227	165	104	—	—	—	3028	314	401	104
28	552	452	415	380	346	299	254	214	154	104	—	—	3170	314	380	104
29	299	241	227	214	189	154	113	71	—	—	—	—	1508	201	223	71
30	531	363	330	299	269	227	177	113	57	—	—	—	2366	269	315	57
31	531	511	471	434	398	346	299	241	177	113	—	—	3521	316	434	113
32	683	452	398	380	346	269	227	154	79	—	—	—	2988	346	386	79
33	881	552	511	471	434	380	330	269	201	123	—	—	4152	398	471	123
34	284	254	241	214	201	165	133	104	64	—	—	—	1660	201	228	64
35	755	491	471	434	415	363	330	314	254	189	143	87	4246	346	422	87
Sa. III (G)	6316	4679	4279	3951	3591	3011	2563	1994	1343	652	143	87	32639	3377	4010	989

g Baumquerfläche am Anfang der Zuwachsperiode.

Mittenquerflächen (qcm)

Stamm-Nr.	I.	II.	III.	IV.	V.	VI.	VII.	VIII.	IX.	X.	XI.	XII.	Summa der Sections-querflächen	Querfläche in der Stammesmitte	Querfläche in ⅓ der Stammlänge	Mittenquerfläche der letzten Section
25	577	527	468	412	380	314	266	211	147	83	—	—	3385	346	412	83
26	340	227	196	184	161	117	68	24	8	—	—	—	1325	161	188	8
27	544	380	330	293	232	181	137	95	38	—	—	—	2230	232	306	38
28	460	391	363	330	296	246	201	161	108	51	—	—	2607	272	330	51
29	248	174	172	168	143	85	64	92	—	—	—	—	1076	148	171	22
30	404	280	248	216	196	143	98	51	12	—	—	—	1648	196	226	12
31	487	471	430	394	356	304	257	194	127	70	—	—	3090	333	394	70
32	560	384	324	324	292	214	170	83	34	—	—	—	2385	292	324	34
33	779	475	444	387	353	308	243	184	117	42	—	—	3332	314	387	42
34	246	211	211	179	158	127	92	54	25	—	—	—	1303	158	189	25
35	697	437	419	384	360	308	263	249	211	131	90	37	3586	284	368	37
Sa. III (g)	5342	3957	3605	3271	2927	2347	1859	1328	827	377	90	37	25967	2736	3295	422
Sa.III(G—g)	974	722	674	680	664	694	704	666	516	275	53	50	6672	641	715	567
Sa.III(G—g)	0,154	0,154	0,158	0,172	0,185	0,228	0,275	0,384	0,384	0,422	0,371	0,575	0,204	0,190	0,178	0,573
Sa.III(G)																

Zusammenstellung der Stammgruppen.

G Gegenwärtige Baumquerfläche.

Tabelle IVa.

1.	2.	3.	4.	5.	6.	7.	8.	9.	10.	11.	12.	13.	14.	15.	16.	17.
Stamm-Gruppen-Nr.	\multicolumn{12}{Mittenquerflächen}												Summa der Sections-querflächen	Querfläche in der Stammesmitte	Querfläche in ⅓ der Stammlänge	Mittenquerfläche der letzten Section
	Section I.	Section II.	Section III.	Section IV.	Section V.	Section VI.	Section VII.	Section VIII.	Section IX.	Section X.	Section XI.	Section XII.				
	qcm	qcm	qcm	qcm	qcm	qcm	qcm	qcm	qcm	qcm	qcm	qcm	qcm	qcm	qcm	qcm
A. Alle drei Gruppen zusammen.																
1	7866	5913	5502	5034	4484	3988	3357	2724	2108	1319	770	201	43266	4174	4941	1138
2	7535	5877	4903	4536	4169	3786	3215	2559	1906	1192	511	151	39840	3907	4498	977
3	6316	4679	4279	3951	3591	3041	2563	1994	1343	652	143	87	32639	3377	4010	989
Sa. (G) · · ·	21717	15969	14684	13521	12244	10815	9135	7277	5357	3163	1424	439	115745	11458	13449	3104
Sa. (g) · · ·	18567	13461	12341	11286	10102	8657	6038	5225	3514	1917	803	211	93022	9266	11238	1421
Sa. (G—g)	3150	2508	2343	2235	2142	2158	2197	2052	1843	1246	621	228	22723	2192	2211	1683
Sa. (G—g)	0,145	0,157	0,161	0,165	0,175	0,200	0,241	0,282	0,344	0,394	0,436	0,519	0,196	0,191	0,164	0,542
B. Erste und zweite Gruppe zusammen.																
1	7866	5913	5502	5034	4484	3988	3357	2724	2108	1319	770	201	43266	4174	4941	1138
2	7535	5377	4903	4536	4169	3786	3215	2559	1906	1192	511	151	39840	3907	4498	977
Sa. (G) · · ·	15401	11290	10405	9570	8653	7774	6572	5283	4014	2511	1281	352	83106	8081	9439	2115
Sa. (g) · · ·	13225	9504	8736	8015	7175	6310	5079	3897	2687	1540	713	174	67055	6530	7943	999
Sa. (G—g)	2176	1786	1669	1555	1478	1464	1493	1386	1327	971	568	178	16051	1551	1496	1116
Sa. (G—g)	0,141	0,158	0,160	0,162	0,171	0,188	0,227	0,262	0,331	0,387	0,443	0,505	0,193	0,192	0,158	0,528

1.	2.	3.	4.	5.	6.	7.	8.	9.	10.	11.	12.	13.	14.	15.	16.	17.
Stamm-Gruppen-Nr.	Section I.	Section II.	Section III.	Section IV.	Section V.	Section VI.	Section VII.	Section VIII.	Section IX.	Section X.	Section XI.	Section XII.	Summa der Sections-querflächen	Querfläche in der Stammesmitte	Querfläche in ⅓ der Stammlänge	Mittenquerfläche der letzten Section
	qcm	qcm	qcm	qcm	qcm	qcm	qcm	qcm	qcm	qcm	qcm	qcm	qcm	qcm	qcm	qcm

C. Erste und dritte Gruppe zusammen.

1.	2.	3.	4.	5.	6.	7.	8.	9.	10.	11.	12.	13.	14.	15.	16.	17.
1	7866	5913	5502	5034	4484	3988	3357	2724	2108	1319	770	201	43266	4174	4941	1138
3	6316	4679	4279	3951	3591	3041	2563	1994	1343	652	143	87	32639	3377	4010	989
Sa. (G)...	14182	10592	9781	8985	8075	7029	5920	4718	3451	1971	913	288	75905	7551	8951	2127
Sa. (g)...	12013	8919	8188	7485	6642	5578	4439	3321	2259	1185	526	148	60703	6098	7457	964
Sa. (G—g)	2169	1673	1593	1500	1433	1451	1481	1397	1192	786	387	140	15202	1453	1494	1163
Sa. (G—g)/Sa. (G)	0,153	0,158	0,163	0,167	0,177	0,206	0,250	0,296	0,343	0,398	0,425	0,486	0,200	0,192	0,167	0,547

D. Zweite und dritte Gruppe zusammen.

1.	2.	3.	4.	5.	6.	7.	8.	9.	10.	11.	12.	13.	14.	15.	16.	17.
2	7535	5377	4903	4536	4169	3786	3215	2559	1906	1192	511	151	39840	3907	4498	977
3	6316	4679	4279	3951	3591	3041	2563	1994	1343	652	143	87	32639	3377	4010	989
Sa. (G)...	13851	10056	9182	8487	7760	6827	5778	4553	3249	1844	654	238	72479	7284	8508	1966
Sa. (g)...	11896	8499	7758	7072	6387	5426	4358	3232	2082	1109	367	100	58286	5904	7076	879
Sa. (G—g)	1955	1557	1424	1415	1373	1401	1420	1321	1167	735	287	138	14193	1380	1432	1087
Sa. (G—g)/Sa. (G)	0,141	0,155	0,155	0,167	0,177	0,205	0,246	0,290	0,359	0,399	0,439	0,580	0,196	0,189	0,168	0,553

Zusammenstellung der Stammgruppen. Tabelle IV b.

g Baumquerfläche am Anfang der Zuwachsperiode.

1.	2.	3.	4.	5.	6.	7.	8.	9.	10.	11.	12.	13.	14.	15.	16.	17.
Stamm-Gruppen Nr.	Section I.	Section II.	Section III.	Section IV.	Section V.	Section VI.	Section VII.	Section VIII.	Section IX.	Section X.	Section XI.	Section XII.	Summa der Sections-querflächen	Querfläche in der Stammesmitte	Querfläche in $1/3$ der Stammlänge	Mittenquerfläche der letzten Section
	qcm	qcm	qcm	qcm	qcm	qcm	qcm	qcm	qcm	qcm	qcm	qcm	qcm	qcm	qcm	qcm
A. Alle drei Gruppen zusammen.																
1	6671	4962	4583	4214	3715	3231	2580	1993	1432	808	436	111	34736	3362	4162	542
2	6554	4542	4153	3801	3460	3079	2499	1904	1255	732	277	63	32319	3168	3781	457
3	5342	3957	3605	3271	2927	2347	1859	1328	827	377	90	37	25967	2736	3295	422
Sa. · · · · ·	18567	13461	12341	11286	10102	8657	6938	5225	3514	1917	803	211	93022	9266	11238	1421
B. Erste und zweite Gruppe zusammen.																
1	6671	4962	4583	4214	3715	3231	2580	1993	1432	808	436	111	34736	3362	4162	542
2	6554	4542	4153	3801	3460	3079	2499	1904	1255	732	277	63	32319	3168	3781	457
Sa. · · · · ·	13225	9504	8736	8015	7175	6310	5079	3897	2687	1540	713	174	67055	6530	7943	999
C. Erste und dritte Gruppe zusammen.																
1	6671	4962	4583	4214	3715	3231	2580	1993	1432	808	436	111	34736	3362	4162	542
3	5342	3957	3605	3271	2927	2347	1859	1328	827	377	90	37	25967	2736	3295	422
Sa. · · · · ·	12013	8919	8188	7485	6642	5578	4439	3321	2259	1185	526	148	60703	6098	7457	964
D. Zweite und dritte Gruppe zusammen.																
2	6554	4542	4153	3801	3460	3079	2499	1904	1255	732	277	63	32319	3168	3781	457
3	5342	3957	3605	3271	2927	2347	1859	1328	827	377	90	37	25967	2736	3295	422
Sa. · · · · ·	11896	8499	7758	7072	6387	5426	4358	3232	2082	1109	367	100	58286	5904	7076	879

www.ingramcontent.com/pod-product-compliance
Lightning Source LLC
Chambersburg PA
CBHW022002190326

41519CB00010B/1366